中国
ごみ問題の
環境社会学

〈政策の論理〉と
〈生活の論理〉の拮抗

金 太宇

昭和堂

はしがき

筆者は中国で生活していたとき、家庭や企業から排出されたごみがどのように処理されているのかというようなことには、まったく無関心であった。普段、道端や川沿いに散乱しているごみの塊や野焼きのごみの残骸などはよく目にしたが、さほど問題として認識することはなかった。当時、ごみが捨てられた「空間」がいかに無残な姿であっても、自身の生活圏とはまったく離れた存在であったため、筆者は危機感も関心も抱かなかったと思われる。

ごみ問題に関心をもち始めるようになったのは、留学のために来日した後のことである。それまでにまったく経験したことのない日常生活におけるごみ出しの細かいルール（種類ごとの分別や回収日の指定など）に衝撃を覚えた。なかでも、とくに不思議に思ったことは、粗大ごみや廃家電製品を処分する際に、生活者（消費者）が処分料を負担する仕組みであった。なぜなら、中国では粗大ごみや廃家電製品などは有価物として廃品回収業（以下、回収業とする）に従事している人々に買い取られるのが一般的であり、消費者が処分料を負担することは考えられなかったからである。それ以降、なぜごみの扱い方にこのようなギャップがあるのか、廃棄物処理をめぐる公共政策においてどのような違いがあるのか、という素朴な疑問からごみ問題に目を向けるようになった。

ごみ問題を考えるときに、中学校の生物学の授業で教わったことがふと思い浮かぶ。それは、生物が「いのち」を維持するうえで、外部から絶えず栄養分を吸収し、体に溜まった「老廃物」を外部に排出するという仕組みのことである。個体にとって不必要とされた「老廃物」は、別の生物の栄養分になり、それによって地球上の生態均衡が維持されてきたと先生は強調されていた。

しかし、この生物個体にとっての均衡システムのアナロジーを、人間社会にそのまま適用することはできない。たしかに人間は古くから「不要となるもの」の多くを、「必要とするもの」（たとえば、食べ残し、灰、し尿などはたい肥として）に転換し、巧みに利用してきた。だが、近代社会は、基本的な生理的、生存的欲求をはるかに超え、必要以上の「もの」を外部から取り入れ、結果として「不要となるもの」、つまりごみを大量に「放出」するようになった。いまやごみの産出、除去、移動にかかわるプロセスは、個人や家庭の問題を超えた、所属する地域社会全体の総合的な対応を要請している。

現代ではごみに対する認識も大きく変化してきている。いまではごみという言葉だけで、「悪しき存在」という負の社会的認知が喚起されるようになっている。ごみ問題は往々にして、ごみがどこでどのように処理されているのか、という物質的側面に関心が集まりやすいが、そこに内包されている問題群ははるかに複雑である。社会学者の田口正己が指摘するように、ごみ問題とは人間社会が「ごみやごみ問題とどう向き合うのかの問題」（田口 二〇〇〇：八三）であり、その「向き合う」仕方や、内容によっては、まったく異なる結果がもたらされる。「ひと」を取り巻く社会が画一的ではないように、地域や社会形態の違いによっては、政策の制定や運用、ごみの排出、収集（資源回収も含む）、処分の方法なども一様ではないのだ。とくに国境を越える地域においては、その地域ならではのごみ問題があり、問題を安易に一般化・同一視することの危険についてはあらためて述べるまでもないであろう。

では、中国のごみ問題はどのような社会構造上の特質をもっているのだろうか。本書においては、とりわけ生活ごみの処理に焦点をあて、現地調査からの所見を踏まえながら、中国の廃棄物管理の全体像を浮き彫りにすることを試みる。そうすることで、ごみ問題といかに向き合うことができるのかという問題に関する、政策や生活などの多様な次元を含みこんだうえでの、知見が導かれるであろう。

目次

序章　現代中国のごみ問題への視座

1　「ごみ囲城」の衝撃

本書では、現代中国の廃棄物処理をめぐる、社会空間と制度的構造の特質、そしてアクター間の対応や行動に着目しながら、廃棄物処理における制度と実態のズレがどのように生成し変容したのかを検証することを目的とする。

まずは現代中国におけるごみ問題の背景を簡潔におさえておきたい。周知のごとく、一九七八年の改革開放政策以降、三〇年以上の市場経済化推進により中国経済は大きな成長を遂げてきた。国営企業の民営化、「招商引資」（海外企業の誘致と資本導入）による企業システムの国際化がおおいに推進され、グローバル企業の加工組み立て拠点として、中国は「世界の工場」といわれてきた。しかし、近年、人件費の高騰や外圧による人民元の切り上げ、先進国ないし世界経済の不調など、中国経済を取り巻く内外環境が劇的に変化するにつれ、輸出主導の成長モデルが鈍化し始めるようになった。先進国の経済回復がみられないなかで、中国は政策を外需から内需へと大転換し、それによって国内消費市場が爆発的に拡大し、いまや「世界の工場から世界の市場へ」（南・牧野二〇〇五）と変容を遂げている。だが一方で中国国内に目を向ければ、内需拡大と消費市場の成長、都市化の進展につれて、都市と農村、沿岸部と内陸部の貧富の差の拡大という問題に直面するようになっている。

以上のような国内外の社会環境の変化とともに、消費形態の変化――「少量消費型」と「使い回し型」から「大量消費型」と「使い捨て型」――によって、鉱物資源採掘の乱開発、水質・土壌の悪化、大気汚染、廃棄物の増加など、さまざまな問題が同時多発的に現れるようになった。こうした環境問題は、いわば工業化・都市化、大量消費型・使い捨て型の社会が引き起こす「開発結果の負」（鵜飼二〇〇一：六二）の産物であるが、いずれも問題解決が容易ではない。なかでも、とくに本書で注目する生活ごみの急激な増加と大量発生は、いまだ経験されたことのない規模にまで拡大している。この「廃棄物の管理は中国国内においても、また国際的にも各方面に関して非常に大きな影響を持って」（一ノ瀬二〇〇七：四六）おり、効果的な対策が求められているのである。

ところで、中国の廃棄物処理の実態はいかなるものであろうか。フリーカメラマン王久良氏により制作された「北京――ごみの城壁（ウィチョン）」（Beijing Besieged by Waste）というドキュメンタリー映画（二〇一一年）は、北京市の「ごみ囲城」（都市がごみに包囲されている状態）の驚くべき事実を暴露したものである。王氏は二〇〇八年～二〇一〇年にかけて、北京市の都市周辺における無認可のごみ捨て場（以下、ごみ山とする）を四〇〇カ所以上訪ね、北京市を包囲するごみ山の現状をカメラに収めた。衛星地図上に彼がマークをつけたごみ山は、北京の中心市街地域を隙間なく囲み、もう一つの「環状道路」

の様相を呈している。こうして可視化されたごみ山の現状レポートは、多くの北京市民に驚きをもって迎えられ、中国全土で大反響を巻き起こした。しかし、憂慮すべきことは、「ごみ囲城」が北京市だけの問題ではないという現実である。中国全土において三分の二以上の都市がごみ山に囲まれ、ごみが適正処理されずに、都市周辺に堆積され、放置されたままの状態である（吉田・小島二〇〇四b：二六一）。適正処理せずに都市周辺の空間に放置されているごみは、水源地を汚染し、下流域で生活する住民全員への被害が懸念されている。

廃棄物処理に関する中国の基本的な公共政策は、市場メカニズムにおける処理システムの確立、処理施設（最終埋立場、焼却処分場など）の建設推進などである。近年、大都市を中心に廃棄物処理施設の建設が急ピッチで進められ、各地で続々と大型の焼却処分場が建設されている。大都市における焼却処分場の建設と、ごみの最終処分量の減量化は、焼却処理によって得られた熱を電力に転換する「一石二鳥」の計画とされているが、周辺住民はダイオキシンの大量発生による健康被害を危惧している。近年、ごみ問題に関心をもつ市民の目は、最終処分場や焼却処分場の潜在的な危険性に注がれており、施設建設に対する反対運動が頻発している。この問題についての例は、二〇〇九年の「六大ごみ問題群衆事件」――北京市の阿蘇衛と高安屯、上海市の江橋、江蘇省の呉江、広州市の番禺、深圳市の白鴿湖で発生した焼却処分場の建設をめぐる住民による反対運動――など、枚挙にいとまがない。また、二〇一四年五月一〇日にも、浙江省杭州市において焼却処分場の建設をめぐる大規模な反対運動が報告されている。反対する住民らと警官隊が激しく衝突し、双方に多数の負傷者が出たほか、一〇〇人以上のデモ参加者が逮捕され、いまだに事態収束の見通しがつかないままである。

右記のほか、農村部のごみによる農地・河川汚染、資源リサイクル市場の混乱など、さまざまな問題が噴出しており、行政の廃棄物管理に対する市民の不満と懐疑の声はますます強まっている。それに対応するため、中国政府も廃棄物管理を強化しており、関連政策の整備や処理システムの構築に力を入れている。しかし、いっこうに減ることのない「ごみ囲城」や処分場建設をめぐる反対運動などをみると、政府の廃棄物管理政策は必ずしも現実の問題に十分に応えられているとはいえず、ごみ問題はいっそう深刻化の一途をたどっているといえよう。このように、現代中国においては、廃棄物処理における制度と実態のズレ、行政と市民の摩擦をいかに解消していくのかが求められている。

2　生存と廃棄物管理の近代

以上で述べてきた廃棄物管理をめぐる中国社会の現状を、近代という社会的文脈において捉え直してみる必要があろう。「富の拡大や生活の利便性の向上を科学的・技術的進歩によるもの」（御代川・

関 二〇〇八：三九）とする欧米の近代開発モデルは、いまや世界中のあらゆる地域に浸透している。中国では、かつて先進国が経験した、環境を犠牲にした経済成長の開発モデルの路線を踏襲してきた結果、経済発展とは裏腹に、環境の破壊や汚染が年々ひどくなり、深刻で危機的状況となりつつある。また、近代的な生活へ歩調を合わせたモノを大量消費・大量廃棄する「文化」が、知らず知らずのうちに庶民の生活に定着するようになった。こうした近代的な生活は、「不必要なもの、無用のもの、役に立たないものを切り取って捨てることをとおしてこそ、美しいもの、調和のとれたもの、魅力的なもの、満足を与えるものが発見される」（Bauman 2003=2007:37）という考えを基本にしている。つまり、「近代の生存――近代的な生活形式の生存――は、ゴミ除去の巧妙さと技量にかかっている」（Bauman 2003=2007：48）のである。言うまでもなく、こうした「近代の生存」は、ごみの大量放出という必然的結果をもたらす。一方、ごみが散乱する生活空間は「近代の生存」の設計図とも相容れない関係であるため、生活空間からのごみの分離、除去、不可視化が要請されるのである。

この要請にどう対応すべきかを論じる際に、往々にして先進的な科学技術の導入と管理システムの構築などが焦点になる。そこでは、政策と管理によってごみの排出、収集、処分など一連の過程を方向付け、最終的には科学技術による問題解決を実現しようとする「ヨーロッパ近代の認識論」（古川 一九九九：一三〇）、あるいは「近代主義イデオロギー」（松田 二〇〇九：一五九）が働いている。先進的な廃棄物政策と管理システム、そして科学技術の導入は、ごみ問題の解決に一定の役割を果たしている（いく）ことは確かであるが、それで「問題」がすべて解決するとはいえない。なぜならば、すでに述べたように、「ごみ」といっても、地域、文化、あるいは個人によって、「問題」の捉え方にかなりの相異があり、しかも「問題」がごみの物質的側面に限らないからである。環境問題、ごみ問題の解決はただそのための対症療法的な対策をすればすむ問題ではなく、地域の社会経済や福祉、貧困、民族問題などがからんだ複雑なパズルを同時に解いていかなければならない問題でもあるのだ（小柳二〇一〇：二一―三）。

右記のことを踏まえれば、ごみ問題の多様性・複雑性に十分に目を配ったうえで、それに応答可能な「総合的・合理的政策形成」（舩橋二〇〇一b：一九三）が要請されるのである。ところが、これまでの中国の廃棄物処理の政策形成は、ごみ問題を画一的に構造化し、グローバル・スタンダードに照準をあわせてきたものであるといえよう（第一章で詳述する）。こうした政策形成は自明なものとして存在しており、それに正面から異議を唱え解体・転覆することが不可能なほどの勢力基盤を築いている（松田二〇〇九：二二四）。しかしこの「誰にとっても当たり前と感じられ正しいと判断される言説というものは、じつは極めて効率的な権力行使の空間をつくりだして」（古川一九九九：一二八）おり、それに対する異論や反対の排除は「必要悪」として放置されるという側面を指摘することができる。

言い換えれば、廃棄物処理のグローバル・スタンダードの自明性、そしてごみ問題の解決という全体の意図の崇高さ、すなわち「環境的正義」論は他者、ないし境界的メンバーの排除に加担してしまう危険性があるということを指摘することができる（三浦 二〇〇九：一〇九）。だが、こうした他者や境界的メンバーに対する抑圧・排除は、制度設計の段階では「付随的な被害」（Bauman 2003=2007：42）として、しばしば軽視されるか無視されてしまうのである。

本書の出発点は、この「必要悪」としての「付随的な被害」を許容し放置する廃棄物処理の制度化に対する疑問である。廃棄物処理の公共政策において問われるべきは、このような「付随的な被害」が誰にもたらされ、またそれがどのような根拠によって、どこまで許容されるのかという問題にほかならない。だとすれば、廃棄物処理をめぐる潜在的な「被害構造」を明らかにしたうえで、「付随的な被害」をうける当事者の「生活現場」の視点を含めた、ごみとの向き合い方こそが明らかにされる必要があるはずである。ところが、こうした観点からの検証が著しく抜け落ちているのが、中国の廃棄物管理の現状なのである。

3 「政策論」と「生活論」の両次元

ところでこの廃棄物処理をめぐる問題には、環境汚染の防止と資源の有効利用の両立、つまりごみの適正処理とリサイクルの促進という二つの問題の解決が含まれている。ごみの適正処理とリサイクルという課題は社会の持続可能な発展の最重要課題であるため、これまで以上に高い政策立案・施行能力が求められているのも事実である。しかし、たとえ明確な制度的枠組み、厳然たる行動規範が制定されたとしても、もしそれが生活者の生活実践における合理性と合致しなければ、期待する効果を得ることが難しいのも確かである。すなわち、廃棄物処理をめぐる「政策論」（政策の論理）と「生活論」（生活の論理）の折り合いをどのようにつけるかが明らかにされなければならないのである。ただこの問題を考察するにあたっては、まずどこでどのようなズレや齟齬があるのかが解明されなければならない。その際、ズレとかかわる社会的主体が誰かという問題を看過することはできない。以上の議論を踏まえれば、ごみ問題をめぐる「生活論」の「主体」をどこにおくのか、という論点に議論は必然的に導かれる。

この廃棄物処理の管理主体をめぐるせめぎあいは、しばしば社会的・経済的弱者、言い換えれば社会的・制度的周縁で生きる（以下、周縁を生きるとする）人々に著しく不利益を与える傾向を指摘することができる。日本においても過疎地域に押し付けられた処分場建設問題や原発問題、ホームレスの資源ごみの持ち去り禁止問題などが社会問題化しており、「公共空間」をめぐる「当事者」の立場が十全に保障されているとはいえない。一方、中国の廃棄物処理の問題構造は日本と類似する点もあるが、歴史的に形成されてきた社会構造によって、周縁を生きることを余儀なくされてきた人々に対する、「付随的な被害」はより広範かつ深刻である。

処分場建設における都市周辺の農民に強いられた過剰な負担は、「付随的な被害」の典型であるが、そのほかにまだ可視化されていないものもある。それは、第二章と第四章で詳述する、「回収人（フィソウレン）（者）」[*1]と「拾荒人（スファンレン）（者）」[*2]といった再生資源のリサイクルにかかわる中国特有の社会集団に関連する。[*3]廃棄物処理の管理空間が整備されるまでの長い間、再生資源のリサイクルに「回収人」と「拾荒人」が重要な役割を果たしてきた。しかし、近年進められてきた廃棄物管理によって、彼／彼女らは一方的に排除の対象となり、いままでの生存空間が著しく侵害され、異議申し立てのルートさえもいまだ閉ざされたままである。

処分場建設をめぐって過剰な負担を強いられた農民、そして「回収人」と「拾荒人」に共通するのは、いずれも周縁を生きていることにある。周縁を生きる彼／彼女らのごみ問題の捉え方は、一般社会の見方とかなり異なっている。彼／彼女らにとってごみ問題は、「環境問題」「公共問題」以前に、まず「生活問題」として捉えられている。しかし、廃棄物処理の管理政策において、社会の周縁で生きている彼／彼女らの訴えや言い分が聞き入れられることはない。そこでは「みんなのため」という「公共」的言説のもとに、異論の排除、主体の孤立、問題の希薄化を図る構造的暴力が行使されてきたのである。

だが、言うまでもなくごみ問題の解決におけるもっとも基本的な争点は、「だれのための管理なのか」ということである。この管理主体の妥当性、つまり「公共空間」における多様なアクターの合意が形成されないかぎり、廃棄物処理における制度と実態のズレを解消することはできない。逆に言うと、実際にこうしたズレが生じている場合、必ず管理主体の妥当性に何らかの問題が潜んでおり、それに働きかけている構造的、社会的要因があるに違いない。そして、周縁を生きる人々の生活現場において、その矛盾が具現化しやすいのは想像に難くないであろう。

ところが、近年の中国の環境問題とごみ問題をテーマにする研究は、「発展と環境問題の協調に重点をおき、産業優先論が根強く存在して」（陳 二〇〇八：三三一）おり、主に工学的アプローチ、「政策論」的分析にその重点がおかれている。そこではごみ問題の解決において、市場メカニズムによる廃棄物処理システムの確立、廃棄物処理施設の建設推進、ごみの減量化や資源化、海外からの資金投資の活用などに着目する研究がかなり目立つ。

たとえば、吉田綾・小島道一（二〇〇四a）は、中国が直面する廃棄物処理の産業化の最大の課題は、ごみの発生量およびフローの把握と適切な回収ルートの確立にあるとし、消費者の普及啓発に加え、費用徴収の多様化やインセンティブの付与が重要であると指摘した。両氏の議論では、いままで論じてきた廃棄物処理にかかわる（かかわらざるをえない）社会の周縁を生きる人々の「生活論」からの視点が抜け落ち、「政策論」の合理性が最優先されている。それに対し、横田勇（二〇〇八）は、中国における3R（reduce, reuse, recycle）社会構築のための課題として、既存の民間回収業者の役割を包含した廃棄物管理の構築が重要であることを指摘している。だが、民間回収業者の活動実態に対する考察が捨象されているため、あくまでも理念的・観念的な示唆にすぎなかった。

中国のごみ問題について、青山周（二〇一一）は次のような興味深いことを指摘している。

> ゴミをめぐる問題は、自らの不動産価値を守ろうとする大都市住民にとっては経済問題であるが、行政と市民との摩擦という点では社会問題であり、社会的対立やその解消という観点でみると、政治の問題でもある（青山 二〇一一：七―八）。

青山の議論のポイントは、立場、主体、観点の違いによって、ごみ問題の捉え方も異なるということであり、その指摘は首肯できるものである。ここであらためて注目したいのは、こうした行為——守る・摩擦・対立——の基底には、「生活問題」が横たわっていることである。おそらく、青山もごみ問題の「生活問題」としての捉え方の重要性を認識していると思われる。だとすれば、経済問題、社会問題、政治問題のような大きな捉え方をするまえに、まず「生活論」がその基底にあることを指摘すべきであろう。

こうした議論を踏まえれば、廃棄物処理の管理政策においてどのような矛盾が潜んでいるのか、そしてどのように対処していくべきなのかは、マクロレベルの政策的議論だけでは明らかに不十分である。重要なのは、ミクロレベルの「生活論」の地平、とくに「付随的な被害」を受ける当事者の生活現場に降り立ち、そこから汲み上げてきた問題を「政策論」の合理性と照らし合わせながら、検証していくことであろう。

4　制度的構造・空間・アクター

さて、こうした「付随的な被害」を受ける周縁を生きる人々の「生活論」からごみ問題を検証していく際に、どのような分析枠組みに留意しなければいけないのだろうか。

まず、第一に、廃棄物処理の管理空間を規定する制度的構造である。これまでの中国のごみ研究において、「法と実態の間のギャップ、実施体制の問題、実行可能な法整備の不備」（織 二〇〇九：四〇）などが大きな問題として取り上げられてきた。しかし、こうした廃棄物管理の問題の検討においては、「政策論」の平面だけでの批判では不十分である。同時に、そのような政策決定過程を生み出す基盤となっている「政策決定をめぐる制度的構造」の特徴を批判的に解明し、特定の政策内容が、どのような政策決定過程と制度的構造のもとに繰り返し生み出されているのか、を適切に捉えなければいけない（船橋 二〇〇一a：一七）。また、中央と地方の間、そして政策の立案や決定にかかわる層とそうでない社会層との間の「目にみえない壁」が廃棄物政策の実行性を阻害する要因であるとの指摘もある（青山 二〇一一：一三八―一三九）。だとすれば、廃棄物処理の政策決定を左右する「目にみえない壁」の制度的構造の可視化を図り、「政策的課題を明らかにしたうえで、どのような方向に政策的に誘導していくべきかを論じ」（長谷川 二〇〇〇：六九）ていくことが重要であろう。

第二に、ごみが処分、リサイクルされている「空間」である。日常生活で排出されるごみは必然的にどこかへと移され、廃棄物処理においてその「空間」のあり方をめぐってさまざまな問題が引き起こされる。このような観点に従えば、ごみ問題をごみの空間配置に関する問題として捉えることが可能である。突きつめて言えば、最終処分場／焼却施設の問題はごみの空間配置をめぐる合理性の問題、不法投棄の問題はごみの空間配置の正当性をめぐる問題であろう。そして、ごみ減量やリサイクルの問題は、資源の有効利用の目的以外に、不要物の増加を抑止し、ごみの空間配置をめぐる秩序の問題であると解釈することも可能である。それがゆえに、ごみ研究においては、対象地域のごみがどこで、どのように配置されているのか、その「空間」の特質を的確に把握しなければならない。そのためには、地域全体の空間構造も分析の範疇に入れる必要がある。

第三に、廃棄物処理にかかわるアクターである。ごみ問題の構造的要因を突きとめるには、右記の制度的構造と空間配置の視点だけでは不十分である。より重要なことは、廃棄物処理の空間配置と制度・政策に対する異なるアクターの関わり方である。つまり、ごみ問題に対する人々の対応や行動がいかなる論理に裏打ちされているのかに注目しながら、その「実践的な知識」をいかにして制度・政策に反映し、再構築していくかという視点が必要である。これらの人々の対応や行動は所属する組織や「共同体」の規範や連帯に左右されやすいため、組織や「共同体」の実態をも的確に捉える必要がある。

以上の観点から本書では、現代中国の廃棄物処理における制度と実態のズレに焦点をあてることで、第一にこうした制度と実態のズレがどのように生成し変容したのか、また第二に、人々がこのズレをどのように修復してきたのか、そして第三に、この修復の行為は国家の社会制度とどのような関係におかれてきたのかを検証することを課題とする。

5 フィールドワークと調査対象

本書においては、中国・東北部に位置する瀋陽市を調査対象地として選定し、都市部、都市周辺、農村部の三つの地域における廃棄物処理の実態調査を行うことにした。これらの三つの地域を調査の対象地域として選んだ理由は、中国社会の廃棄物処理の実態を空間構造の視点からより立体的に捉えるためである。以下、簡潔に瀋陽市の概況と調査対象について説明を加える。

瀋陽市は遼寧省の南部に位置し、東北地区において経済、文化、交通、金融と商業貿易の中心である（付録−1）。全市は一市、三県で構成され、総面積は一万三〇〇〇平方キロメートル、都市部の面積は三四九五平方キロメートルである。二〇一二年の人口は八二二・八万人、そのうち都市部の人口は約六五六・八万人で、漢族を中心に朝鮮族、満族、回族など三〇余りの少数民族が混住している（表0−1）。瀋陽市には、七二〇〇年前からすでに定住集落（新楽遺跡）があったことが知られている。清朝の時代の王宮や皇帝の霊園などの史跡が数多く現存しており、国家歴史文化都市に指定されてい

表0-1　瀋陽市の人口推移（単位：万人）

年度	2000	2001	2002	2003	2004	2005	2006	2007	2008	2009	2010	2011	2012	2013	2014
人口	685.1	689.3	688.9	689.1	693.9	698.6	703.6	709.8	713.5	798.7	810.6	818.0	822.8	825.7	828.7

「沈阳统计年鉴」2002–2015年のデータをもとに筆者作成。

表0-2　瀋陽市の都市生活ごみの年間運搬処理量（単位：万トン）

年度	2002	2003	2004	2005	2006	2007	2008	2009	2010	2011	2012	2013	2014	2015
処理量	118.2	141.0	154.0	165.0	164.5	170.5	185.1	185.0	200.1	228.6	256.0	288.0	242.5	262.8

「沈阳统计年鉴」2002–2008年、「沈阳市固体废物污染环境防治信息发布」2009–2015年のデータをもとに筆者作成。

る。また、日露戦争時の奉天会戦や、張作霖爆殺事件（一九二八年六月四日）、満州事変の発端となった柳条湖事件（一九三一年九月一八日）など歴史的事件の発生地でもある。

一九四八年一一月二日、瀋陽市は解放され、のちに重工業基地として成長し、東北地区の交通の中枢となった。近年は、国営企業の民営化や再編により、重工業のＧＤＰに占める割合が後退しており、その代わりに第三次産業が急成長している。また二〇一〇年には、国務院によって「瀋陽経済区」が承認された。これは、瀋陽市を中核とする半径二〇〇キロ圏内の合計八都市（瀋陽、鞍山、撫順、本渓、営口、遼陽、鉄嶺、阜新）を高速道路・鉄道の整備等により相互に連結させ、人口二四〇〇万人の巨大経済圏を形成する計画である。

廃棄物処理の取り組みにおいて、瀋陽市は一九九五年から二〇〇〇年まで、国連との共同事業である「都市の持続可能な発展プロジェクト」を行った。このプロジェクトの内容は、水環境、水汚染の改善、大気汚染の防止と改善、生活ごみの問題の改善である。ほかの都市に比べても、瀋陽市はかなり早い段階において廃棄物処理の管理強化に着手し始めたが、ごみの発生量が年々増加している（表0-2）。また、二〇〇二年には、瀋陽市が所在する遼寧省が中国初の「循環経済モデル省」に指定され、全国的にもリサイクルシステムがいち早く整備されており、生活ごみの無害化処理率も比較的に高い地域として知られている。[*4] しかし、廃棄物処理の実態は必ずしもそうではない。他地域と同様に、ごみの不法投棄、ごみ山の問題などを抱えており、課題は山積している。

以上の理由から、本書は主として瀋陽市の廃棄物処理に焦点をあて、都市内部のリサイクルの問題、都市周辺のごみ山の問題、農村部の処分場建設の問題を中心的事例として取り上げる。そして、廃棄物処理にかかわる周縁を生きる人々の実践と交渉過程から本書の課題を総合的に検討していく。本書のもととなるデータは、二〇〇九年二月二五日～三月一六日、二〇一〇年八月一五日～九月四日、二〇一一年二月二六日～三月一五日、二〇一一年八月四日～九月一日、二〇一二年二月八日～三月三日、二〇一二年九月二日～九月二〇日、二〇一三年二月二八日～三月二五日、二〇一四年二月一〇日～二月二七日まで計八回、瀋陽市の廃棄物処理を中心に筆者が実施したフィールドワークにもとづいている。

6　本書の構成

これまで、中国のごみ問題の研究においては、マクロレベルの制度・政策の検証や統計データなどの分析と、ミクロレベルの異なる地域の事例研究が比較的に多く行われてきた。しかし、一つの地域における廃棄物処理に対する全般的な分析はなされておらず、こうした断片的な情報だけでは中国のごみ問題の全体像を正確に掴むことが難しい。本書は、検討対象を一つの地域にしぼり、都市部、都市周辺、農村部の廃棄物処理の問題を包括的に取り上げることによって、これまでの中国のごみ問題の研究におけるメゾレベルの空白を補填するための試みでもある（付録1-2）。それは、廃棄物処理をめぐるミクロレベルの個人行動や組織関係の分析とマクロレベルの社会構造や制度・政策の分析を交差させることによって、より全体的な問題像の把握が可能となり、より効果的な問題解決の枠組みが展望できるからである。

本書の構成と各章における検討課題および内容は以下のとおりである。

第一章では、中国のごみ問題がどのように生成され、廃棄物処理がどのように公共政策としての性格と正当性を獲得してきたのかを明らかにする。そして廃棄物処理の政策形成を促す社会環境の変遷プロセスを整理することで、中国社会の廃棄物処理の構造的特徴を提示する。

第二章では、瀋陽市の農村部における処分場建設の事例を取り上げ、廃棄物処理が実際にどのように制度化されているのかを考察する。具体的には、農村部における廃棄物処理の管理強化を起因とした郷政府と村、村と村の齟齬・対立に注目し、村人のそれぞれの言い分を詳細に分析したうえで、農村部を対象に構築された廃棄物処理の管理政策を多様な関係者がどのように受け止めているのか、処分場の使用中止という意図せざる結果を生じさせた要因は何か、について検討する。

第三章では、瀋陽市の都市部における回収業の事例を取り上げ、廃棄物処理において制度と実態がどのようにズレているのかを考察する。具体的には、都市部で回収業に携わる人々に対する実証的研究を通して、中国が構築しているリサイクルシステムの構造的矛盾を指摘し、制度が有効に機能しない要因を明らかにする。

第四章では、廃棄物処理における制度と実態のズレを人々はどのように生きているのかを明らかにする。具体的には、都市周辺のごみ山における調査を通して、行政主導の廃棄物適正処理の実態、そして都市周辺にごみ山が集中しやすい構造が、実際にどのような経緯で構築されていったかのプロセスを明らかにし、ごみ山で生きる人々の生活実践を実証的に提示する。

第五章では、周縁を生きる人々が廃棄物処理における制度と実態のズレを生きることはどのようにして可能だったのか、またそれは国家とどのような関係におかれているのかを分析する。具体的には、農民の越境移動の歴史と軌跡、都市─農村構造の変遷プロセスを概観することによって、周縁を生きる人々が廃棄物管理の制御に抵抗する場所をどのように創造したのか、そして生活に埋め込まれた「論理」は何かを明らかにする。

最後の終章において、これまでの議論をまとめ、今後の課題を提示する。

注

＊1　街中を徘徊しながら廃品を買い取る人々のことである。中国語では再生資源の収集を行う人を「收破烂」（破れたり腐ったりしたものを集める人）、「破烂王」（破れたり腐ったりしたものを集める王様）と呼んでおり、これらの呼び方は差別的な意味が含まれているので、現在、公式用語では「再生資源回収人員」という言葉が使われている。

＊2　廃棄されたごみのなかから廃品を拾い、それを換金することによって生活を営んでいる人々のことである。

＊3　「回収人」と「拾荒人」に関する統計データは存在せず、正確な人数の把握はできない。二〇一四年の新華網の記事によると、北京市において一七万人の「拾荒人」が活動しているという（「北京有一七万名拾荒者常被驱赶」新华网、二〇一四年九月一三日）。

＊4　国家環境保護局の「二〇〇三年国家環境保護重点都市環境管理及び総合的改善年度報告」によると、生活ごみの無害化処理率が明らかに高くなった都市はフフホト、瀋陽、ウルムチ、長沙などである（吉田・小島 二〇〇四b：二六一）。

第一章　ごみ問題の生成と政策の形成過程

本章では中国のごみ問題の生成史と廃棄物政策の形成過程を概観することを通して、廃棄物処理がどのような歴史的背景のもとで、公共政策としての性格と正当性を獲得してきたのかを明らかにする。これは、後に取り上げる事例研究における廃棄物処理の問題をより多角的に理解するための制度面からの整理である。

1　ごみと公衆衛生

人間が生活するうえで、ごみの産出は避けて通ることができない。生活空間に何らかの支障をもたらす廃棄物処理をめぐる問題はけっして現代社会に特有のものではない。廃棄物処理にかかわるコストを、そのメンバーが負担すべき「公共問題」として捉えられるようになったのは、国や地域によって時期的に異なるものの、いずれもさほど長い歴史をもつものではない。たとえば、ヨーロッパに比べ、日本は比較的早い時期に廃棄物処理に関する行政的措置が講じられていたが、その始まりはせいぜい江戸時代中期からである。

歴史学者の飯島渉によれば、中国において廃棄物処理が「公共問題」として捉えられるきっかけとなったのは、一九世紀後半に発生したペストの大流行である。一八九四年に広東省省都の広州で大流行したペストは、三月から六月のわずか四カ月間で約四万人の死者を発生させた。しかし、このときペスト対策を進めたのは政府ではなく、「善堂」[*1]と呼ばれる社会結社であった。この時期の中国では、「善堂」のような団体が感染症対策をはじめとする社会事業を担うのはごく一般的なことであった。

清朝政府が感染症対策に乗り出すために、最初に設立した衛生行政機関は、一九〇二年の「天津衛生総局」である。「天津衛生総局現行章程」には、人々の生活を守るため、道路の清掃や貧民の救済、病気の治療や伝染病対策を行うという事業内容が定められていたという。一九〇五年には、巡警部のもとに衛生司が設置され、北京市街地の清掃の方法を定めた「改訂清道章程」（一九〇八年）が施行された。このとき、清掃を請け負う人々のもとで道路清掃を行う清道夫が配置された。また、一九〇八年の「予防時疫清潔規則」においては、「清潔」に力点をおいた、ごみ処分のあり方や便所の清掃が規定されるようになった（飯島 二〇〇九：一二一―一三〇）。

その後一九一一年一〇月に起きた辛亥革命をきっかけに清朝の王朝政治が終焉をむかえ、中華民国政府が誕生した。一九一六年には、全国的な感染症対策のための最初の法令である「伝染病予防条例」が公布された。条例は、伝染病の流行あるいは流行のおそれがある場合に、感染のおそれがある人を一定期間拘束することができる強い権限が地方長官に付与されている。そのほか交通遮断、集会の禁止、清潔法および消毒法の施行、水道、井戸、溝渠、水路、厨所（トイレ）、汚物堆積場の新設や使用制限などの強制力をもった対策を行う権限が付与されている。この条例は日本の「伝染病予防法」（一八九七年）をほとんどそのまま引き写したものである（飯島二〇〇九：一〇〇―一〇一）。

当時、ペスト対策のような衛生事業のためには、行政が個人の生活に介入し、ひいては自由を制約することもやむをえないとされていた。この考え方は、それまでの中国社会にはみられないものであった。戸別検査と遺体の処理を警察が進めたことからも、それらがまさに政府主導の近代的な感染症対策、衛生事業であったことが確認される（飯島 二〇〇九：四九―五〇）。二〇世紀初頭の中国では、衛生事業について二つの大きな流れが交錯していた。一つは、ペストの流行のなかで、外国勢力によって衛生事業の制度化が展開・導入されたこと。もう一つは、それまで民間が担ってきた衛生事業を清朝政府が行政事業へ編入したため、その制度化が統治機構の再編を必然的に伴ったことである（飯島 二〇〇九：一九七）。

中華人民共和国が建国されると、中国政府は衛生部を中心に衛生事業を推進した。一九五〇年八月に第一回全国衛生会議（北京）が開催され、衛生行政機関の整備、衛生教育の充実などが確認され、法規の整備と衛生事業の制度化が進められた。こうした対策は、中国共産党が統治の正当性を示すためにも必要だったのである（飯島 二〇〇九：一七五）。一九八四年に国家環境保護局が設立されるまでは、廃棄物処理は基本的に衛生行政機関によって担われてきた。このように、中国においては伝染病の発生とその対策を契機に衛生事業の制度化が進められ、それに合わせて廃棄物処理が公共政策としての性格を獲得し、行政組織がその責任を負ってきたのである。言うまでもなくその根底にあったのは、伝染病予防を第一義的な任務とする公衆衛生思想であり、それはあくまでも社会的秩序を維持するための措置にすぎなかった。すなわちこの時代における廃棄物処理は、社会がそのコストを負担すべき「公共問題」という性格をもちあわせていなかったのである。

2　迷走の時代

一九四九年からの約三〇年間、中国政府は計画経済体制のもと、国家のあらゆる部門で経済的目標をそれぞれ設定し、国家建設のための事業を行ってきた。一九五三年に「第一次五カ年計画」が開始され、農業の集団化運動、商工業の社会主義的改造運動が大々的に進められた。生産手段が公有化（集団所有制、国有制）され、農村部の人民公社、都市部の国営企業は計画経済体制下の基本的な経済主体となった（厳 二〇〇九：一〇）。生産手段を集団化・国有化にすることによって、産業施設の建設が最優先され、多くの資源が工場の建設と生産に振り分けられ、国民の消費は極限まで抑えられた。さらに、一九五八年の「戸籍登記条例」（以下、「戸籍制度」とする）の制定によって、都市―農村、都市住民―農民を厳格に区分する「二元的社会構造」が形成され、「モノ、カネ、ヒトという本源的生産要素の使用も計画経済体制に収められ」（厳 二〇〇九：一〇）、国家による統一管理が徹底された。

その後、「第二次五カ年計画」（一九五八～一九六二年）では、農業と工業を発展させ、一気に近代的共産主義社会へと転換する「大躍進運動」のために労働力が総動員されたが、わずか一年で破綻、大失敗に終わった。国民が未曾有の大飢饉に見舞われた「三年困難時期」とよばれる時代（一九五九～一九六一年）と、その後の一〇年にわたる文化大革命（一九六六～一九七六年）によって、中国国内の政治・経済・社会は大混乱に陥り、国民生活は困窮を極めた。

この計画経済時代において、廃棄物処理が社会問題となることはなかった。中国政府は共産主義社会の建設や政治闘争に奔走したため、経済発展が著しく阻害され、消費商品の流通量はきわめて少なかった。したがって、自給自足を基本とする経済・生活システムの維持を余儀なくされ、「ごみ最小社会」の基礎構造が保たれていた。家庭から排出された生活ごみは、少量の厨芥、し尿、燃え殻などの有機性のものが中心であった。この時期には、まだ化学肥料が普及しておらず、し尿、燃え殻などは堆肥として耕作に利用され、農業生産に欠かせない「資源」であった。そのため、都市部からのし尿や生ごみまでも農村に搬送し有効に利用され、質的・量的にも廃棄物処理が十分可能な程度であった。

もちろん、計画経済時代においても、工業生産による環境汚染や公害、ごみ問題などはあったが、社会全般の問題としては直視されることはなかった。その要因は、情報伝達手段の統制、「戸籍制度」をはじめさまざまな移動抑制政策によって、都市─農村の空間が地理的に分断され、「農村都市間の人口移動が少なかっただけでなく、職業階層間の社会移動も鈍く、社会が閉鎖的な状況」（厳二〇〇九：一二）であったからである。この迷走する時代におけるごみ問題をはじめとした環境問題の実態は、ほとんど確認することができない。

3　グローバル環境主義の浸透

一九七二年、ストックホルムで開催された国連人間環境会議への中国代表団の正式参加は、「国際社会において重要なインパクトを与えたが、会議に参加した中国が自国の環境問題に目を向ける重要な契機」（青山二〇一一：一二）ともなった。翌年の一九七三年には、第一回「全国環境保護会議」が開催され、この頃からようやく環境への取り組みが具体的にみえ始めるようになった。同年、改定された憲法第二六条では「国家は生活環境と生態環境を保護及び改善し、汚染及びその他の公害の防除と対策を行う」と明確に規定され、さらに一九七九年には「環境保護法」（試行）が制定された。

一九七八年の改革開放政策の導入以後、沿海部の経済特区は著しい経済成長を成し遂げた。その反面、次第に工業排水、排気ガス、ごみ排出などによる環境汚染問題が表面化し始めることとなる。それをうけ、中国政府は絶えず欧米の先進国に視察団を派遣し、国連環境計画（ＵＮＥＰ）や国際自然保護連合なども中国を訪れ、国際協力と交流を深めていった。そして、一九八二年には「海洋環境保護法」、一九八四年に「水汚染防止法」、一九八七年に「大気汚染防止法」などの法律が相次いで制定された。また、「欧州、米国、日本の経験と教訓および環境政策は、中国の幅広い関心を呼び、汚染者負担原則、環境影響評価、排汚費など重要な政策」（張 二〇〇八：一九一）が整備された。これによって、環境保護政策は人口問題の解決に次ぐ国の政策として位置づけられるようになった。

このように中国の環境立法は、国連人間環境会議など国外からの刺激（外圧）と国内の経済、社会事情の変化（内圧）の相互作用によって進められてきたといえる（陳 二〇〇八：三三五）。上記の内容からもわかるように、中国においては経済発展の早期段階から環境政策が導入され、しかも少なくとも理念的には、先進国と比較しても遅れをとらない内容をもっていた。しかし、このことが、必ずしも環境汚染を根本的に解決し、環境悪化を未然に防止することにはならなかった（森 二〇〇八：二）。「先汚染後治理」（先に汚染、後から対策）という言葉に代表されるように、改革開放以来、現在まで経済発展が優先され、環境対策は後回しになったのである（小柳 二〇一〇：八五）。すなわち、国家統合の求心力である経済発展が政策の中心におかれているために、先進的な内容をもつ環境政策も、経済成長を阻害しない範囲でしか実施されてこなかったのである（森 二〇〇八：一六―一七）。

4　生活の近代化と廃棄物処理

一九七二年に開催された全国計画会議において、衛生部が『工業「三廃」（廃気、廃水、廃棄物）汚染状況と建議に関する報告』を提出し、一九七四年一二月には、国務院環境保護指導グループが設立され、「三廃」問題に本格的に取り組む姿勢をみせた。しかし、この時期に提出された「三同時[*2]」や廃棄物総合利用奨励などはまだ法律化されておらず、設立した指導機関の国務院環境保護指導グループもまだ法律上の環境行政主体ではなかった（陳 二〇〇八：三三九―三四〇）。

一九八〇年代からの工業化と市場経済の推進は、大量生産、大量消費、大量廃棄という社会経済システムを作り上げた。それによって、市民の生活スタイルは物質的な豊かさを求める「近代的」なものへと転換され、その帰結として生活ごみが大量に排出されるようになり、ごみ問題が深刻さを増すことになった。「白色汚染」は、一九九〇年代のごみ問題を象徴的に表すものである。「白色汚染」とは、主に発泡スチロールの容器や買い物客に提供するビニール袋、農業用ビニールシートなどの廃プラスチックによる環境汚染のことである。そのなかでもとくにビニール袋が大きな割合を占めている。

軽く便利なビニール袋が、買い物客に無料で提供され始めたのは、改革開放政策が進んだ一九八〇年代後半頃からである。それ以前は、柳の枝や裂き竹で編んだ籠や布製の袋を持って人々は買い物をしていた。当時の生活必需品はほとんど包装されておらず、しかも市民が繰り返し使える籠や布製の袋を利用したことで、生活のなかで排出するごみの量はきわめて少なかった。しかし、ビニール袋の使い捨て文化の出現によって、籠や布製の袋の利用が次第に減少するようになった。消費者にとって便利なビニール袋は、その主要原料がポリエチレンであるため、ごみとして廃棄されても自然分解されずに地中に長期に残存し、土壌ひいては農作物の成長に影響を及ぼすことになる。その後ようやく一九九〇年代半ば頃から「白色汚染」や生活ごみによる環境汚染の問題が徐々にクローズアップされるようになった。[*3] そのなかでも、メディアが取り上げた、鉄道の線路脇や都市周辺の荒れ地がビニール袋や発泡スチロールの容器に白く埋め尽くされる光景は、社会に強い衝撃を与え、市民の環境問題への関心を呼び起こした。

こうした背景のもと、廃棄物処理の制度化が検討されるようになり、一九九六年四月一日に「固形廃棄物環境汚染防止法」（以下、「固体法」とする）が施行された。「固体法」では、固形廃棄物が工業などの生産活動から産出される工業固形廃棄物、都市の日常生活と関連して発生する都市生活ごみ、そして国家が定めた危険な特性をもつ危険廃棄物など、三種類に大別された。都市生活ごみには、家庭、道路掃除、事務所、飲食業などから排出される生活ごみ、および公衆便所からのし尿が含まれる。そして、二〇〇三年に施行された「清潔生産促進法」では、包装廃棄物の減量や回収に企業が取り組むことが求められ、二〇〇七年に国務院の「買い物用ビニール袋の生産・販売制限に関する通知」の公布によって、二〇〇八年からビニール袋の無償配布が禁止されるようになった。さらに、二〇〇五年に「固体法」が改正され、法規定には、「固形廃棄物による環境汚染の防止、人の健康の保護」（第一条）が目的として掲げられ、「固形廃棄物の合理化、有効利用、無害化によって、固形廃棄物の発生を抑制」

写真1-1　線路の脇に捨てられたごみ
（2013年3月22日筆者撮影）

写真1-2　不法投棄されたごみ
（2010年9月2日筆者撮影）

写真1-3　不法投棄されたごみ
（2012年2月19日筆者撮影）

（第三条）するという原則が定められた。また、「製品の生産者が廃棄物から発生する汚染を防止する義務を負う」ことが明文化され、汚染者負担の原則が導入されるようになった。

しかし、「固体法」には農村部の生活ごみに関する具体的な管理方法は明記されておらず、「農村の生活ごみの環境汚染防止の具体的な方法は、地方の法規によって決定」（第四九条）すると記すのみにとどまった。法規定では、都市部の生活ごみは、県級以上の地方人民政府（環境保護・環境衛生・建設部門）が清掃、収集、貯蔵、運搬、そして処理の施設整備を進め、無害化処理を行う責務がある

写真1-4　都市の幹線道路に投棄されたごみ
（2012年2月19日筆者撮影）

写真1-5　道路に投棄されたごみ
（2012年9月13日筆者撮影）

写真1-6　川に投棄されたごみ
（2012年2月19日筆者撮影）

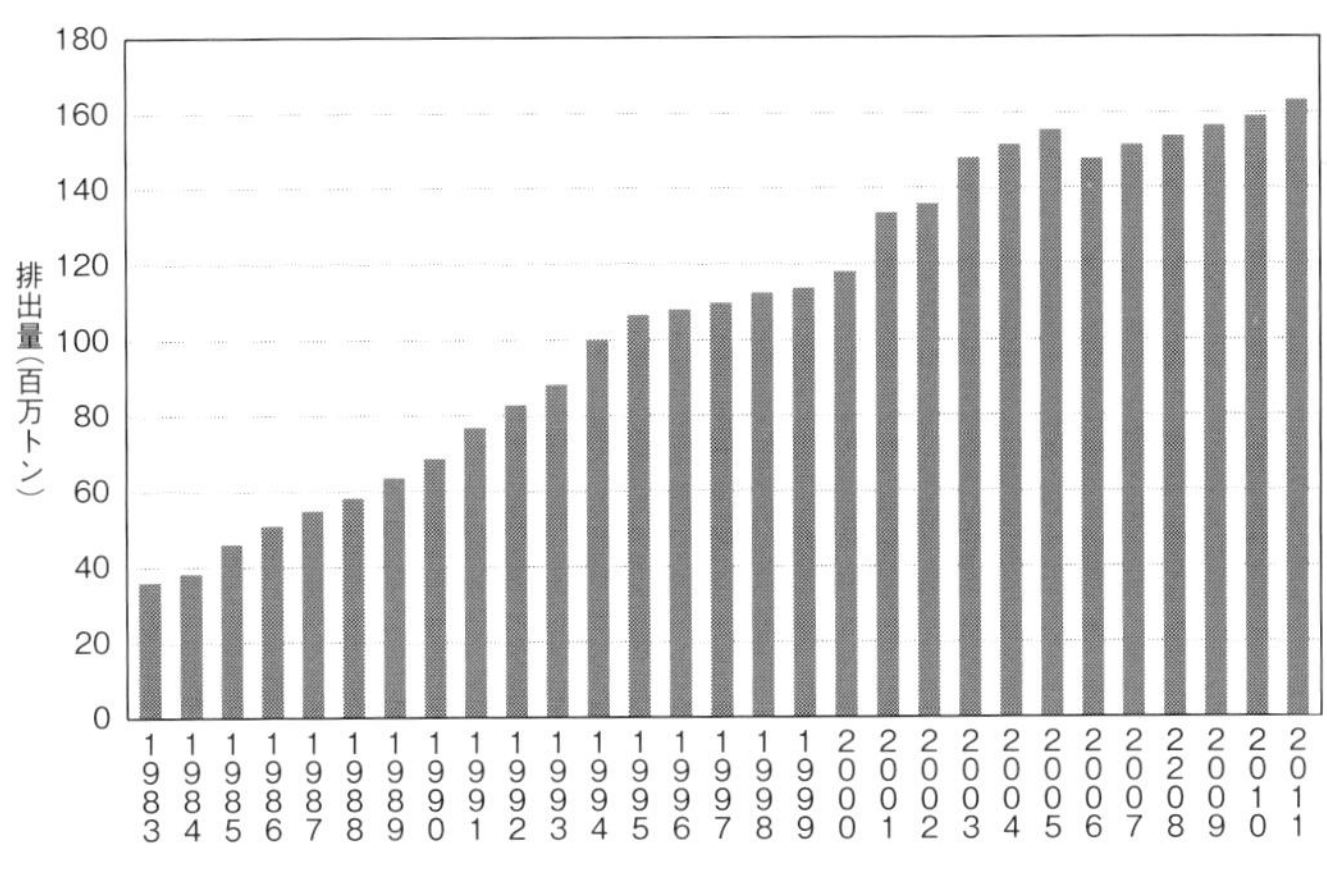

図1-1　中国における都市生活ごみの排出量の推移（1983–2011年）

「中国环境保护产业协会城市生活垃圾处理委员会」が公表した『我国城市生活垃圾处理行业2010年发展综述』と『我国城市生活垃圾处理行业2012年发展综述』、および袁克・萧惠平・李晓东（2008）、「中国城市生活垃圾焚烧处理现状及发展分析」のデータをもとに筆者作成。

と定められている。その際、「減量化」「資源化」「無害化」という廃棄物管理の三原則に従って、最終的には埋立、焼却、コンポストで「無害化」処理を行うことが明記されている。

中国では、信頼に足るごみに関する統計が少なく、時系列、地域別のデータをみても、不自然な変動が少なくないが、生活ごみの発生量は年率七～八％で増加しているとされている（吉田・小島 二〇〇四b：二六〇）。とくに近年の都市圏の急激な拡大と、それに伴う行政区域の再編、そして都市への出稼ぎ労働者の増加は、従来の都市―農村の空間配置を大きく変化させており、都市部だけを対象にするごみの統計データの信憑性が疑われている（図1－1）。都市人口が急速に増加した背景としては、中国政府が農村から都市への労働力移動を積極的に評価するようになったこと、規模の小さい都市での農民の都市戸籍取得を条件付きながら認め始めたこと、積極的に新しい市制都市を認定したことなどが挙げられる（植田 二〇〇八：五一）。中国政府は長らく都市化の推進にきわめて慎重であったが、近年になってたんに経済成長の牽引車としてではなく、過剰労働力や所得の伸び悩みなどの農村問題を抜本的に解決する方途として、大都市圏の拡大を含めた都市化を重点政策課題として推進している（北野 二〇〇八：五〇）。

中国の生活ごみは、「日本など先進国に比べ、有機物の比率が小さく、煤渣・土砂を主とした無機物の比率が高い」（竹歳 二〇〇五：八―九）とされてきたが、地域によってかなり差異があり、プラスチック製品や容器包装などのごみが明らかに増えてきている。また、一九九〇年代後半から各地において本格的に廃棄物処理施設の整備が進められてきたが、ごみの多くが無害化処理されず、都市周辺に野積みされた状態であった。その後「二〇〇三年のSARS発生により衛生対策の重要性が認識され、大型廃棄物処理施設の整備が加速」（染野 二〇〇五：二一―二二）したが、とりわけ焼却処理施設の建設が推進されている。

5　環境行政の権力構造

このように中国では一九九〇年代以降、それまで衛生事業として取り組まれてきた廃棄物処理が、環境問題として捉えられるようになった。こうした環境保護を主管する中国の環境行政はどのような特徴をもっているのだろうか。

中国では、一九八四年に環境行政の主管部門として、「国家環境保護局」が設立された。二〇〇八年には「国家環境保護部」に昇格し、「国家環境保護部」が全域の環境保護・環境対策に対する監督・管理の責任を負うことになっている。中国の環境行政システムは、「統一管理」「責任分担」が原則であるが、垂直と水平の二つの関係に分かれている。

縦の関係からみると、地方環境保護部門は省、市、県という三つのレベルに分けられ、一部の地域においては市・県の下位にある郷・鎮政府でも環境行政機構が作られている。総じて、中央から地方行政の末端まで環境行政のネットワークが整えられているが、中央政府は地方政府に対してたんに指導・監督の役割しかなく、地方政府に対して直接に影響力を行使するには手段的にも能力的にも十分な権益をもっていない。このトップダウン方式の弱点について、経済学者の植田和弘（二〇〇八）は、次のように指摘している。

（政策の実効性が弱い問題は）中国における中央と地方の政府間関係、すなわち各級政府間の事務、税源、財源等の配分にかかわる問題であり、行財政システム全般の改革と深い関連を持つ。同時に、各現場で生じている環境問題を解決しようとする政策的動機付けがどのようなチャネルを通じて地方政府に働くのかという問題でもある（植田 二〇〇八：三八―三九）。

つまり、中央が決定する政策の実施主体が地方であることによって、その政策が現場の状況を反映しないものとなるのである。

もちろん、水平関係にある複数の行政組織が中央政府レベルで環境保護・環境対策にあたることもあるが、同じ行政レベルの主管部門同士の権益調整はそれほど簡単なことではなく、しばしば利害が対立する場合がある。法規上、環境保護や廃棄物管理に関して、国家環境保護部の行政主管部門に統一の監督管理の責任と権限が付与されてはいるが、同じレベルの行政組織との責任分担と権限に関しては、その規定がかなり抽象的である。実のところこのような抽象規定だけでは効果がなく、結局環境行政の効率性を損ない、部門間で利益のある仕事だけを奪い合い、利益にならない仕事をなすりつけあう事態を招いているという（陳 二〇〇八：三三六―三四〇）。

6　循環経済の構想と意図

中国社会で、資源供給と環境保護を矛盾なく成立させることを要請する循環経済の考え方が広がり始めたのは、二〇〇〇年以降である。それ以降、経済発展の維持、そして継続的成長を実現するうえで、ごみの適正処理やリサイクルが主要な課題とされるようになった（小柳 二〇一〇：八五）。その要因は、経済成長を支える資源の自国内調達がますます難しくなり、また従来の外国からの再生資源の利用においても不適正な処理による深刻な環境汚染が各地で多発したからである。

このような背景のもと、中国政府は「従来の経済成長方式を資源節約型で環境にやさしいものへと転換することを打ち出し」（森 二〇〇八：七）、二〇〇五年から全国人民代表大会で起草作業が着手され始めた「中華人民共和国循環型経済促進法」（以下、「循環型経済促進法」とする）が二〇〇九年一月に施行された。また、「循環型経済促進法」の一環として、二〇一一年一月一日には、中国版家電リサイクル法である「廃棄電器電子製品回収処理管理条例」（以下、「中国版家電リサイクル法」とする）も施行された。

中国における循環経済の理念は、小循環、中循環、大循環という三つの側面から経済成長と資源節約を推進することにある。小循環は、企業内における資源の循環利用を促進し、製品とサービス提供に伴う物質とエネルギーの使用量を減らし、汚染物発生の最小化を目指すものである。中循環は、生態工業区や生態農業区に代表される企業間や産業間の副産物利用や資源共有などによる区域内での資源循環を促進するもので、簡単に言えば地域レベルでのゼロエミッションを実現しようとするものである。大循環は、社会全体における物質とエネルギーの循環のことを指しており、グリーン消費の推進とごみの分別収集システムの確立を通して、廃棄資源の循環利用問題を解決し、最終的に循環型社会の実現を目指すものである。

「循環型経済促進法」は、いままでの「環境保護法」「クリーン生産促進法」「固体法」「水質汚染防治法」など、個別法規で規定されてきた制度を「循環経済」という視点からまとめあげたものである。いわば、「いままでの政策の方針を総合的に集約したものであり、政府が重視している政策ポイントが明確にされたという意味でも興味深いが、実際の運用は今後の法整備、実施体制のあり方」（織 二〇〇九：三九）に大きく左右されることになる。

「循環型経済促進法」は、「たんに廃棄物処理という環境問題だけではなく、総合的な循環経済を構築していかなければ、資源制約が工業生産そのものの発展にブレーキをかけかねないという切実な経済問題」（竹歳 二〇〇五：一七三）を克服するための措置である。つまり、「循環経済が進展すれば、資源の有効利用と環境保護を達成することができ、経済成長の制約が緩和される」（孫・森 二〇〇八：七一―七二）という狙いをもっているのである。

7　システム化・制度化の偏重

以上のように、中国において、初期の廃棄物処理の公共政策は、伝染病の発生とその対策をきっかけとして、欧米や日本などの公衆衛生思想に強く影響され、衛生事業の一環として進められてきた。改革開放政策の導入以後、工業化と市場経済の推進につれて、大量生産、大量消費、大量廃棄という社会経済システムが形成された。そして、市民の生活スタイルも近代的なものへと転換され、日常生活からのごみの排出量も増え始めた。一九九〇年代に、「白色汚染」による環境への被害が顕在化し、それを契機に環境問題としての廃棄物処理の制度化が始動したのである。一方、環境保護を目的とする環境立法は、「固体法」よりも早い段階からすでに導入されていた。しかし、中国の環境立法は、国連人間環境会議などの国外からの圧力を受け、国外の「先進的」な管理システムを導入したものにとどまり、国内の実情を十分に踏まえたものではなかった。また、廃棄物処理に関する基本法である「固体法」も、あくまでも都市の廃棄物処理のための措置であり、社会が平等にそのコストを負担する性格のものではなかった。それゆえ、農村の廃棄物処理は「制度的周辺」におかれてしまい、農村は自区内のごみ問題に悩まされるだけではなく、都市からの生活ごみも大量に搬入されるようになり、過剰な「負担」を強いられるようになっていった。

二〇〇〇年代に入ると、経済成長に伴う資源問題と環境問題が同時に生じるという新たな状況が生まれる。それまでのような市場経済の成長を維持するには、資源の有効利用が不可欠となり、循環経済という考え方が提起され、二〇〇九年に「循環型経済促進法」が施行された。しかし、「循環型経済促進法」は、それまで個別法規で規定されてきた制度を循環経済という視点からまとめあげたもので、経済発展を優先する点で従来の方針と何ら変わりはなかった。

このように、中国の廃棄物処理の制度化は、公衆衛生思想(衛生問題)、グローバル環境主義(環境保全問題)、市場経済主義(資源問題)の枠組みのなかで進められ、公共政策としての正当性を獲得してきた。しかし、指摘しておかなければいけないのは、公衆衛生、環境主義や市場経済の思惑にもとづく廃棄物処理の制度化は、必ずしも生活者の立場に立脚した政策形成ではないことである。「生活論」を基軸にせず、システム化・制度化を優先する廃棄物処理は、必然的に「生活者」の「生活問題」とそれへの「抵抗」へと導かれるであろう。

注

＊1　「善堂（サンタン）」は、清朝時代に中国全土に普及した豪紳の親睦会がもととなる慈善のための結社である。

＊2　「三同時」制度は中国政府が環境管理政策体系を具体的に実施するための手段の一つで、生産施設の計画、建設、操業の三段階において、環境保護施設が同時に計画、建設、操業されることである。

＊3　中国の最大規模の論文検索サイトである「知網」において、「白色汚染」のキーワードの出現頻度は以下のとおりである。一九九〇年一件、一九九一年二件、一九九二年一件、一九九三年〇件、一九九四年一四件、一九九五年二〇件、一九九六年二一件、一九九七年三一件、一九九八年四二件である。

第二章　政策の施行過程にみる廃棄物管理

本章では、都市部の廃棄物処理の問題検証に先立ち、まず農村部で制度化されている廃棄物処理の実態を明らかにしたうえで、その過程がどのような構造的矛盾を抱えているのかを考察する。その理由は、従来の研究で見落とされてきた農村部の廃棄物処理の問題構造を十分に検証しないかぎり、地域全体の廃棄物処理の構図がみえてこないからである。

1　ごみの増大に苦しむ農村

中国のごみ問題は経済発展と大量消費、大量廃棄という背景のもとに表面化してきた。しかしながら地域によってごみの量や性質が異なることから、当初は都市特有の社会現象・問題として捉えられ、都市部を中心にその対策が構築されてきた。これによって、都市部の廃棄物処理は、法的な規制・基準が先進国並みに整備されつつある。一方、高度経済成長を背景に農村も大量廃棄型社会への移行を余儀なくされ、ごみ問題が日々深刻化している。ところが、中国農村の廃棄物処理は行政の仕事とはみなされておらず、その対策は基本的に住民が主体となる「制度的周辺」におかれてきた。その結果、すでに問題視された「ごみ囲城(ウィチョン)」現象と同様に「ごみ囲村(ウィチュン)*1」現象も顕在化し、農民の生活・生産、持続可能な発展に影響を及ぼす重大な懸念材料となっている。

このような背景のもと、中国政府は第一一次五カ年計画（二〇〇六～二〇一〇年）において初めて省エネルギー目標と環境保全目標を打ち出すとともに、「社会主義新農村建設[*2]」、所得分配の調整、農村環境の改善を主要目標として掲げた。政府の公式機関やメディアは、農村を対象とした廃棄物処理の管理強化によって、ここ数年著しい成果を収めたと大々的に報じているが、その実態はいかなるものであろうか。制度運用の実態や政策実施の効果については、個々の事例を詳細に観察し、地域住民の声を丹念に拾い上げないかぎり正確に把握することは難しい。

いままで中国のごみ問題についての研究は国内外でさかんに行われてきたが、そのほとんどが都市中心的なものであり、農村のごみ問題についての研究は立ち遅れている。中国の最大規模の論文検索サイトである「知網」を検索してみると、農村のごみ問題に関連する研究は存在するものの、農村住民の視点に立脚した実証的研究はほとんどみられない。引用頻度が高い乐小芳（二〇〇四）の論文では、経済発展に伴う生活様式の変容、消費の増加、婚姻状況の変化と家族形態の縮小が農村ごみ問題の根源とされるが、農村のごみが実際にどのように処理され、現場でどのような問題を抱えているのかは言及されていない。杨荣金・李铁松（二〇〇六）は、農村のごみ問題の解決においてごみを三種類に分化し異なる処理方式を導入する必要があり、徹底した行政による管理強化が必要だと指摘した。また蔡娥（二〇一一）は、農村の廃棄物処理に対する政府の財政導入の強化と基層施設の充実が重要であるとするなど、いずれも「政策論」的、技術論的、経済論的なもので、現場視点からのボトムアップ的アプローチに欠けている。中国のごみ問題を考えるにあたって、都市のごみ問題と並行して農村のごみ問題も研究対象にし、総合的かつ立体的に検討する必要があることは言うまでもないだろう。そのためには、農村社会の生活実態を踏まえたうえで、具体的な事例を通じて農村住民の観点や主張を詳細に分析し、廃棄物処理をめぐる問題の要因を抽出する作業が必要となる。

本章は農村のごみ問題の所在を探る手がかりとして、瀋陽市のある農村における行政による廃棄物処理の管理強化を起因とした①郷政府と村の対立、②村と村の対立、に焦点をあてる。当該地域での廃棄物政策と活動実態との間に生じたズレの内実を考察し、そこにどのような論理や合理性が働いているのかを明らかにしつつ、そのズレを生じさせた社会的・構造的要因について検討する。

2　農村社会の構造と変化

分割支配の構造

中国社会が、都市と農村に二分された社会構造を有していることはすでに述べた。それは、たんに名称の違いだけではなく、制度上の差別を伴っている。都市―農村の「二元的社会構造」を支える主要制度として、戸籍、住民自治組織、土地所有の三つがかかわっている。これらを順に簡単に確認していこう。

中国の「二元的社会構造」を象徴する制度として、まず取り上げなければならないのは「戸籍制度」である。中国社会は長年、「戸籍制度」によって都市と農村という二つの生存空間を区分してきた。一九五八年に制定された「戸籍制度」は、その地域の居住者に対して、それぞれ都市戸籍もしくは農村戸籍を与え、都市住民と農村住民を厳格に区別した。都市戸籍を有さない農民は、都市へ移動しても都市住民と諸権利を平等に享受できないため、農民の都市への移動が事実上厳しく制限される結果となった。「戸籍制度」は都市と農村を区分けする指標であるばかりでなく、農民を都市から排除するものであったのである（小口・田中 二〇〇四：二九七―二九八）。改革開放政策の導入以後、経済発展に伴う労働力の流動化が始まったことにより、都市と農村を隔てていた戸籍の壁は次第に低くなり、現在は移動の自由が実態として回復している。しかし、これに対応する「戸籍制度」改革は大きく進展せず、「戸籍制度」はいまだ存在している。

次に、住民自治組織の特徴について確認しよう。建国初期の農村では農業集団化政策が急速に進展し、合作社（生産協同組合）の組織化が進んだが、一九五〇年代末に合作社は人民公社に再編され、郷人民政府と併合された。一九七〇年代末に始まった改革開放政策のもとで、農村社会の単位制度としての人民公社が廃止され、これに取って代わって誕生し、急速に普及したのが、各農家の請負責任制による農村制度である。人民公社が解体された後、郷・鎮人民政府が人民公社を代替する末端行政組織の行政機関となり、この移行作業はほぼ一九八五年に完了した（厳 一九九五：二一六）。行政村には村民委員会、都市の社区には住民委員会がそれぞれ設置されているが、これらの委員会はいずれも行政機関ではなく、地域住民による自治組織である。両者は、同じ目的と役割を共有しているが、実際には大きな違いもある。それは住民委員会が、基本的には住民共有の財産をもたないのに対して、村民委員会は土地をはじめとする多くの財産を集団で所有し、管理している点である。

土地の所有形態もまた「戸籍制度」に従って、都市と農村に二分され、都市は国有、農村は村民による集団所有と定められている。農村の土地の所有主体は、基本的には村を構成する村民全員であるが、自治組織としての村民委員会が土地の管理権をもっている。一方、土地の使用権は、一九八四年の生産請負制導入により、個別農家に分配された。農民による土地の私有権は認められないものの使用権の譲渡、貸借、贈与、相続等が認められるようになった（于 二〇〇九）。

このような「二元的社会構造」は都市―農村間の経済格差を引き起こし、社会不安の要因とみなされてきた。一方、近年は都市部への出稼ぎ労働者の移動増加が、従来の都市―農村の社会構造に大きな影響を与えつつあり、「二元構造」から「三元構造」へと変化しているとする指摘もあるが[*3]、制度上の都市―農村を厳格に区分する基本構造は根本的に改善されていないのが現状である。二〇一四年七月三〇日、中国政府は二〇二〇年までに「戸籍制度」を段階的に撤廃することを公表したが、歴史的に残された利権関係の調整は簡単なことではなく、「二元的社会構造」がどこまで解消できるのか、その展望は不透明である。後述するが、このような「二元的社会構造」は廃棄物政策の展開にも大きな影響を及ぼし、さまざまな問題を引き起こしている。

村落間格差の生成

本章では瀋陽市から車で北へ一時間程度の場所にあるY郷のC村とD村の事例を取り上げる。[*4] 調査地の両村の間には河川が流下し、広大な平地に恵まれており、歴史的に稲作がさかんな地域である。しかし近年は降雨量の極端な減少により、水田からトウモロコシ栽培や野菜作りに転じる農家が増えている。

一九五三年に行政によって形成されたD村は、国道から約四キロ離れた川の西側に位置し、二三五世帯が暮らしている漢族中心の村である。若年層の大部分は都市で就学・就労しており、中高年の多くは在村のまま周辺企業のパート労働などに従事しながら農業を続けている。就業状況の大幅な改善によって農業の社会的地位が低下し、経済収入に占める割合も減りつつあるが、農業は依然としてD村の主要産業である。D村は、三軒の二階建ての家屋を除けばほとんどが煉瓦造りの平屋で、経済的

写真2-1　C村のマンション建設
（2013年2月28日筆者撮影）

に豊かとはいえないものの極貧の村でもない。他地域と同様に、村民委員会のもとで土地管理、伝統行事、衛生対策に取り組んでいる。

これに対し、C村はかつて周辺の農村で分散居住していた朝鮮族が移り住み、一九七七年に生まれた比較的新しい村である。C村では一九九〇年代初頭から韓国や日本への出稼ぎのために出国する人が多くなり、海外で暮らす村人からの送金に支えられて生活が豊かになり、農業離れが進行した。二〇〇四年に最後の農家が農業をやめて海外に出稼ぎに行ったきりになったことで、農地を村外の人に賃貸し、自ら農業を営む人はひとりもいなくなった。また、国道から一・五キロしか離れていないC村は、二〇〇五年からの「社会

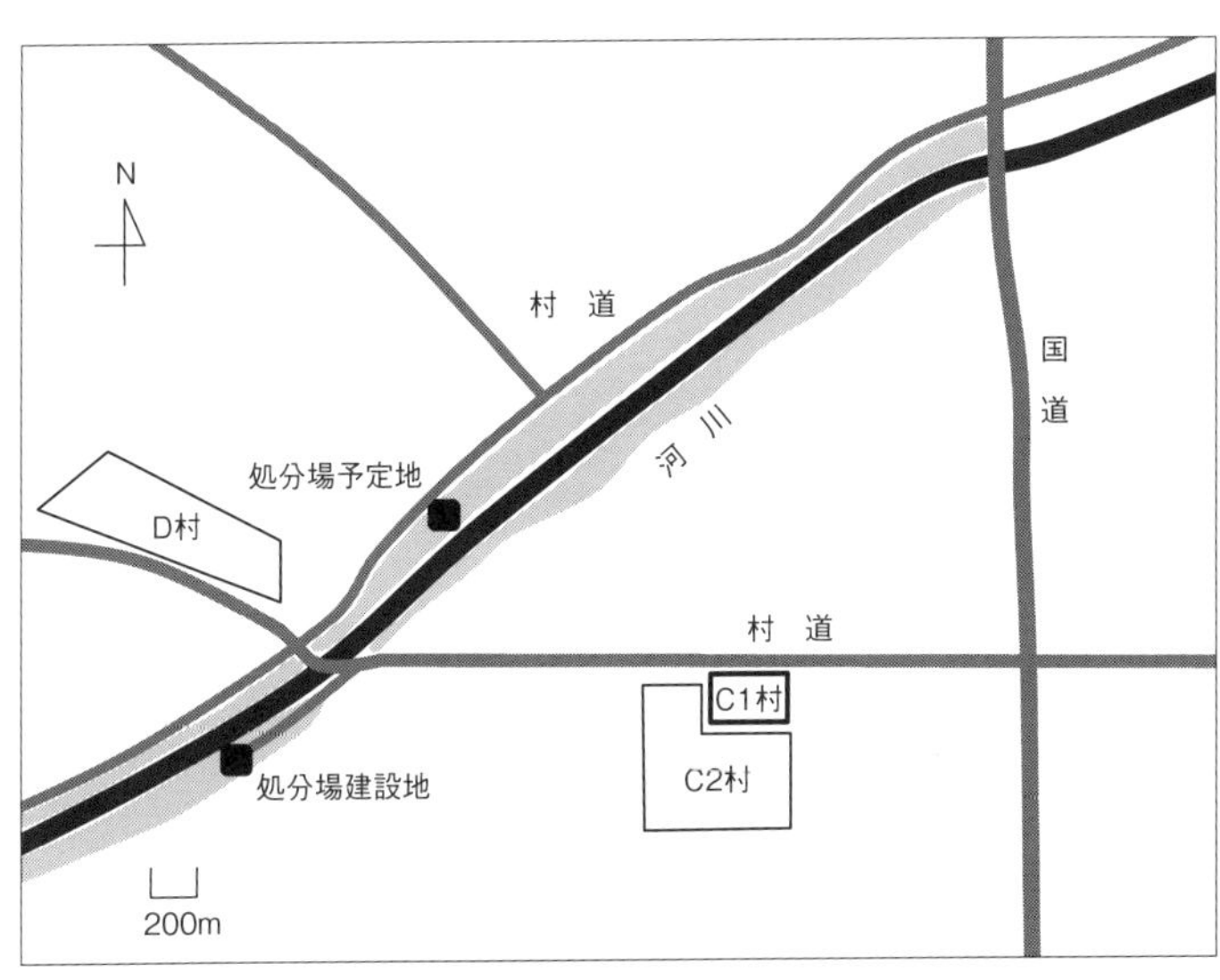

図2-1　調査村の位置（筆者作成）

主義新農村建設」による住宅開発の波に飲み込まれ、一五五世帯の旧住民は新しく建てられた四棟の集合マンションに移住した。C村もD村と同じく若年層の大部分は大都市で就学・就労しているが、中高年のほとんどは海外に出稼ぎに行っており、残された老人や児童が多く居住しているのが特徴である。

一方、売却された元の住宅地には二〇一二年までに一五棟のマンションが続々と建てられ、外部からの移住者が急激に増えることで、固有の村の形態は完全に消失した。旧住民が移住した四棟の集合マンションは、新住民が生活する居住地域と隣接しているが、村民委員会はそのまま継続され、村の重大な事項に関しては村民委員会が決定権をもっている。

ただし、その決定は老人会に左右される場合が非常に多い。実際に、村の伝統行事、衛生管理などの遂行はほとんど老人会によって支えられている。

C村の村民委員会は隣接した建物に住んでいる新住民に対する管理権限を所有せず、その管理権限は不動産管理会社にあり、「社区」建設が整備されつつある。*5 一般的にはこの地域をC村と総称するが、当該地域をめぐっては上述した二つの管理主体が存在し、旧住民は現在の四棟のマンションが立地している場所がC村であることを強く意識している。ここで後の論述での混乱を避けるために、C村の旧住民が住む集合マンション四棟の範囲をC1村とし、そのほかの新住民が住む範囲をC2村と称することにする（図2-1）。

3　ごみの処理慣習と管理強化

前節では中国農村社会の特徴と調査地の概要を確認した。本節では、調査地における廃棄物処理の慣習、廃棄物処理の管理強化にいたるまでの経緯を説明する。

ごみ処理の慣習

計画経済時代において農村では農業集団化が実施され、農業生産が低迷し消費が極限まで抑えられた。この時期は自給自足を基本とする経済・生活システムであり、生産・経済活動の果実が商品として流通する量はきわめて少なかった。この時期はC村もD村も、「ごみ最小社会」の基礎構造であった自然経済や「農村的生活様式」（田口二〇〇七：六二）が保たれていたため、廃棄されたものは主に生ごみ、し尿、燃え殻、脱穀後の茎、稲藁等の有機性ごみであった。し尿、燃え殻は堆肥として有効に利用され、少量の有機性ごみは放置しても土壌に還元できるために問題にはならなかった。家庭等から出るごみの量は自家処理が十分可能であり、質の面でも環境汚染原因物質は皆無か、あったとしてもわずかであった。

ところが、一九七八年に中国の経済政策はかつての「（禁欲的）統制政策」から「（利益）誘導政策」（田二〇〇五）へと大きく方向転換し、従来の「農村的生活様式」は急速かつ全面的に崩壊した。農村では土地契約制、請負制により農家に土地の使用権が認められ、農村経済の自由化が進み、物資の流通も加速した。次第に農村でも自給自足の経済システムが維持できなくなり、それまでのごみ最小社会も終焉を余儀なくされ、都市圏と同様に、消費財の「機能の廃物化」「品質の廃物化」、それに「欲望の廃物化」[*6]が浸透し、ごみ大量化・多様化の時代に突入するようになった。

この時期に、C村とD村の農家も農業経営の方針転換、生産様式の変更に迫られた。堆肥としての使用が次第に減少し、代わって農薬・化学肥料の使用量が増加し、し尿、燃え殻などは不要物として生活空間の周辺に廃棄されるようになった。さらに、これらの有機性ごみとは別に、包装物等のプラスチック類やビニール類の自然に還元できない無機性ごみも急増した。二〇〇八年までC村とD村には確立した廃棄物処理方法はまったく存在せず、生活ごみを住居の周辺や川沿いへの投棄、溝や穴への埋め捨て、野外での焼却など簡単な方法で処理してきた。

廃棄物処理の管理強化

農村におけるごみ問題の深刻化は、「大量廃棄型社会」や「使い捨てライフスタイル」の成立・定着・普及と深く関係しているが、行政の管理能力の不足や法制度の不備なども挙げられる。二〇〇七年までの環境保全に関する法規定は、主に都市部および工業生産を対象にしたもので、農村を対象にした具体的な取り組みは遅れていた。農村のごみ問題は、行政視点から問題の優先度が低いとみなされるが故に、行政の廃棄物処理システムがまったく存在せず、市場経済の浸透によって問題が深刻化してしまった。ごみによる環境汚染に関して、最大の問題は都市ではなく、もはや農村にあると指摘しても過言ではない。農村の生活ごみの処理、とくに農業で使用される化学肥料や農薬の包装物による土壊や河川の汚染に関しては、農家一戸ずつ管理する必要があり、その実施は都市部よりはるかに難しいからである。

政府も深刻化する農村環境問題を重視し、「第一一次五カ年計画」では、初めて農村環境の改善を主要目標として掲げた。二〇〇七年一一月に国務院が発表した「農村環境保護強化に関する意見」では、農村の飲用水源地の保護と水質改善、生活汚染・工業汚染の改善、家畜による汚染の改善などに本腰を入れて取り組むことと、農村の環境対策、エネルギー対策に力を入れる方針を示した。[*7] さらに「第一二次五カ年計画」（二〇一〇〜二〇一五年）の第七章（農村の生産生活条件の改善）では、農村の衛生管理、ごみの集中処理を急ぎ推進し、農村環境の総合整備を実施することが明記され、農村の環境汚染対策を強化する方針が強く打ち出された。[*8]

二〇〇八年から、政府は農村の総合的な環境整備に着手し、補助金によって生活汚水、および廃棄物処理の改善を推進してきた。政府の指針に従って、C村とD村が所在するY郷も〇八年に「Y郷生態区建設計画及び環境衛生整備方案」（以下、「整備方案」とする）を公布し、農村の総合的な環境整備に着手し始めた。[*9] Y郷政府の〇八年度成果報告書では、Y郷において五つのごみ埋め立て処分場[*10]（以下、処分場とする）の建設が推進され、村全体に五〇〇個のごみ箱を配置し、ごみの定点廃棄・定期処理が実現された、と記載されている。[*11]

写真2-2　村に設置されたごみ箱（2010年8月15日筆者撮影）

C村はマンション建設によって早い時期からごみ箱が整備され、C1村とC2村がそれぞれ独自に村の南側の排水溝や空き地にごみを処分してきた。「整備方案」によって二〇〇八年二月に、D村も三〇個のごみ箱が無料で設置され、村で雇った作業員が定期的にごみを集め、村の空き地に集中処分するようになった。「整備方案」の実施後、村のあちこちに積まれていたレンガ、瓦や雑草などは強制的に撤去され、大通りも清潔かつ平坦になり、生活空間の風景が一変した。これでごみ問題は解決の方向に向かうかに思われたが、後の処分場建設がC村とD村を巻き込む紛争の火種となり、行政と住民の間の対立が鮮明になった。次節では、この処分場建設をめぐる行政と住民の間の紛争の経緯について検討する。

4　処分場建設をめぐる争い

地方政府と村人の対立

「整備方案」によって村にごみ箱が設置された後、収集されたごみの適正処理が新たな難題となった。二〇〇八年三月、郷政府は隣接するC村とD村の共同処分場を川沿い（D村に近い川の西側）に建設する計画を打ち出した。郷政府は、D村の住民合意を得ないまま、村幹部だけに計画案の承認を得て、急いで計画を進め工事に着工しようとした。これに対し、D村の住民は処分場による悪臭、河川や地下水の汚染を危惧し、不満の声をあげ始めた。

また、D村の住民は川沿いの土地に対する慣行的な利用権を主張し、処分場建設によって、これらの権利および健康が侵害されるとして、郷政府に建設工事の停止を求めた。人民公社時代は川の西側だけの農地がD村によって管理、利用されたが、農村の土地契約制、請負制により川の東側の農地の一部もD村の所有となった。このように、土地の所有形態が複雑に変遷したが、川沿いの西側の土地に対するD村の利用は、所有主体の変遷（国有→村有→個人所有）に関わりなく継続しており、村の「自留地[*12]」として慣行的に利用権が認められてきたのである。

D村に隣接する川はそれほど大きくはないが、豊富な地下水とつながっており、歴史的に流域の農業灌漑や飲用水源として利用されてきた。処分場建設によってD村所有の農地の一部が消失するだけでなく、処分場予定地がD村に非常に隣接しているため、水源が汚染され健康が侵害される不安も伴うことになる。D村の住民は、郷政府に工事禁止の陳情や抗議を続ける一方、監視行動を続けた。ところが、同年四月に突如、郷政府が川沿いの土地の所有主体は政府にあると主張し、建設予定地に重機を入れ工事を強行しようとした。これを受けて、D村の住民は閉鎖された建設予定地に侵入し、座り込みの形で工事を妨害し、政府側に説明を要求した。その後、業務妨害などの容疑で現場で住民を強制連行しようとする警察と住民側の間で激しい衝突が生じて危険な状態となったため、工事を中止せざるをえなかった。

深刻な事態を打開するために、郷政府は同年五月に、処分場の整備に関する協議の場を提供し、D村とC1村の村幹部（村民委員）、住民代表に対する説明会を行い、処分場建設計画案への理解と承認を求めた。ここで、建設予定地の立地場所をめぐって郷政府と村人の対立や意見の食い違いが鮮明となる。D村の住民から指摘された内容は、おもに①二つの村の共同処分場なのに、なぜD村に一番近い場所に建設しなければいけないのか、②処分場による農地汚染と水源汚染はないのか、③旧村であるC1村とごみを共同処理するのは構わないが、なぜ新たに建設され管理権限が不動産管理会社にあるC2村のごみも受け入れなければいけないのか、ということであった。

対する郷政府の説明は次のとおりだった。①の疑問には、地理的条件と利便性から考えると、国道とC村の間に処分場を建設するのは適合せず、C村とD村の間に建設するのが合理的で、農地の破壊を避けるためには川沿いの土地が最適であると回答した。川沿いの西側に立地した理由は、既存の道路がありごみの搬送に便利で、経済的にも負担が少ないことを述べた。これに対して住民らは当然納得ができず、共同処分場である以上はその立地も公平の原則を踏まえるべきだと強く反発した。つまり、C村とD村の中間の場所における建設の検討を要求したのである。ただし、そのようになれば必然的にC村もD村も農地の一部を失うことになり、該当地の農家からの反発も容易に想定され、議論は難航した。

②の農地汚染と水源汚染に関しての疑問に対して、郷政府は定期的な埋め立てを行うことによって汚染が最小限に抑えられると述べた。村人はごみを埋め立てても地下水汚染のリスクの可能性をあげ、飲用水の安全を確保するためには処分場をできるだけ村から離れた場所に建設するよう要望した。

③のC2村の廃棄物処理について、郷政府は廃棄物処理の総合管理の観点からは別の施設を作るのは難しく、共同的に処分するのが合理的であると述べ、ごみの共同処分への受け入れをD村に求めた。しかし、C2村の人口が増え続けるにつれ、そのごみの量も著しく増加し、処分場の許容範囲を超え

ればさらに施設を建設しなければならない可能性が高いため、D村の村人は受け入れることには消極的であった。この点についてはC1村も共通の考えだった。両村ともC2村の新住民を「他者」として位置づけ、地元住民としては認めていなかったのである。「自分たちの村だけでも増え続けるごみの処理に追われているのだから、C2村に処分場利用の費用ももらわず善意だけで引き受けることはできない」という主張である。

説明会の本意はD村と郷政府の意識の食い違いを解消することであったが、議論は平行線をたどり合意にはいたらず、処分場建設をめぐる郷政府とD村の住民との意識の乖離を埋めることはできなかった。

村落間の意見相違

同年六月に、郷政府の責任者、D村とC1村の村幹部、住民代表、そしてC2村の管理会社の代表も加わって、第二回の説明会が開催された。一回目の説明会で持ち越された問題について各自の意見と主張を提出し、激しい議論が交わされた。郷政府は処分場を両村の中間地に建設する場合には必然的に農地の破壊が伴い、これは農地管理法に抵触するため、川沿いの土地が最適であることをあらためて主張した。D村は一貫して処分場の建設予定地の変更を求める一方、C2村のごみの受け入れに反対する意思をあらためて表明した。C1村も処分場が両村の中間地に建設される場合のC2村のごみの受け入れには難色を示した。この時点で議論は、処分場の立地場所だけではなく、C2村のごみの処分方法にも焦点が集まった。

C2村の管理会社はC1村の宅地の利用権を獲得しただけで、周辺の土地に対する使用権はないため、廃棄物処理の問題において窮地に立たされた。管理会社側は、C2村の建設は民間会社による事業ではあるが、「社会主義新農村建設」の一環として政府もプロジェクトにかかわっており、廃棄物処理は郷政府が主導して解決する責務があると反発した。また、処分場へのごみの搬入ができない場合は、郷政府が主導して市が所管する処分場への搬送を求めた。実際、Y郷と一〇キロしか離れていないところに市が所管するDS処分場[*13]があり、そこへのごみの搬入が実現すれば争いも解消できるということが管理会社の考えであった。

これに対して郷政府は、それまでDS処分場へのごみの搬送をめぐり、市政府と何度も交渉してきたが、実現できなかったと説明し、あらためて処分場建設の必要性を主張し住民の理解を求めた。市政府の説明によると、DS処分場は瀋陽市北部の都市ごみの処理が目的であるため、農村のごみを受け入れる義務も余裕もないというのが理由であった。つまり、廃棄物処理をめぐって行政間にも見解の違いがあり、これは明らかに「二元的社会構造」を前提として立案された廃棄物政策によって引き起こされた結果であった。DS処分場への搬入の可能性が低いことから、処分場の建設は不可欠であることを共通認識としたが、その立地に関しては論争の余地が残った。

処分場の立地について、郷政府は川の西側から東側へ、そして予定地より南側一キロ先に移転する代替案を提示した。しかし処分場が依然としてD村の村有地に建設されるという事実には変わりがないため、D村の住民代表は妥協案として次のような要求を提出した。その内容は、①D村の浄水施設における濾過施設の整備と全世帯に対する水道設備の無料設置、②毎年、C1村とC2村によるD村への一定の処分料の支払い、そして③処分場への新しい道路の敷設、であった。D村の住民は処分場建設が事実上避けられないことから、自分たちの利益の向上を図るために、処分場建設を利権交渉の「資源」として利用する方向へと戦略的に位置づけを変えたのである。

D村の要求を満たすには、濾過施設や水道設備にかかる費用や、道路の建設などの費用が生じることは必至で、その費用をだれが負担するのかという難題に直面することになる。郷政府は処分場建設の費用を全額負担することとし、濾過施設や水道設備にかかる費用、道路建設の費用の負担をC1村とC2村に求めた。これに対してC1村は、D村はあまりにも利己的であると批判し、それを負担する責務がないと主張し、処分料を支払うなら村のごみは自ら処理すると強く反発した。C2村の管理会社側も負担が大きすぎると拒否の姿勢を強めた。D村は処分場建設の受け入れには概ね合意したが、処分場をめぐる紛争は収まることなく、二回目の説明会も結果が出ないまま閉幕した。

その後、郷政府とC1村、C2村との間で費用負担について何回も議論が交わされ、ある程度の合意形成が達成されたとして、同年六月末に三回目の説明会が開催された。説明会では処分場建設を受け入れる条件としてのD村の要求を全面的に認めるうえで、その費用負担について協議した。協議の結果、①川の西側から東側へ、そして予定地よりさらに南側一キロ先の場所への処分場の建設、②D村に浄水施設における濾過施設の整備と全世帯に対する水道設備の無料設置と、それにかかる費用、処分場への道路建設費用の郷政府とC2村による共同負担、③C2村によるD村に対する毎年一万元（当時の為替レートは一元約一七円）の処分料の支給、という案が合意され、共同処分場の建設がようやく承認された。ただし、C2村がD村へのC1村の処分料を肩替わりしたのも理由があった。C1村の道路側の村有地を借り上げ駐車場にすることが条件だったからである。

同年一〇月ごろ、D村の村有地に共同処分場が建設され使用が開始された。D村の住民の反抗により、計画案はある程度変更せざるをえなくなり、住民らは経済利益を得るという結果になったのである。しかし、これでこの地域のごみ問題が根本的に解決できたといえるのだろうか。説明会では共同処分場の立地や負担のあり方についての議論が繰り返されただけであって、処分場の安全性や処理方法はまったく議論の俎上に上がってこなかった。共同処分場の許認可にあたっての説明会において、郷政府が重視してきたのは、分別処理、無害化処理などにかかわる情報公開や安全性の議論よりも住民の「同意」であった。これは紛争解決に一定の効果を上げる一方で、「同意」のために本来議論すべき問題が抜け落ち、不透明な部分を生む素地にもなったのである。

5 政策と実態の乖離

上からの環境政策――一貫性をもたない現実

廃棄物処理は安全性や経済性を考慮すれば、できるかぎりその排出地域により近いところで行われることが望ましい。ところが、通常、都市部のごみ問題は農村に転嫁されている。ごみの多くが越境搬送され、不法投棄や違法操業によって環境汚染等の問題を引き起こしたケースは後を絶たない。これに対して農村での既存の廃棄物処理は、基本的に村人の各自の責任による村内処理が原則となっていたが、本章の調査地のように不均衡な経済発展の状況に影響され、経済的立場の劣勢な村が一方的に被害を受けやすい構造になっている。

国家主導の廃棄物政策をもとに練り上げられた郷政府の計画には、これまで述べてきたところからでも、明らかに大きな欠陥と危険が潜んでいる。農村の総合的な環境整備を目的とした廃棄物政策においては、いかにしてごみを減らし無害化処理を達成できるかを中心的な目的とせずに、外見だけの「環境整備」を主眼にし、あちこちに散乱していたごみをたんに移転し集中させただけのことである。さらに、処分場建設においては、情報公開の不足や地域住民の利害を無視した意思決定のプロセスが存在している。

二〇一〇年に施行された「農村生活汚染防止整備技術政策」（以下、「技術政策」とする）の第三章では、都市・小都市の廃棄物処理システムに組み込めない農村ごみは、経済的で利用に適した安全な処理処置技術を選択し、分別収集を踏まえて無機ごみ処分処理、有機ごみ堆肥処理などの技術の採用を推奨すると明確に記載されている。[*14] しかし農村の総合的な環境整備において地方政府は、たんに中央の廃棄物政策を従順に履行するのではなく、実際にはさまざまな対応を繰り返しながら、自らに都合よく展開している。筆者には、調査地の郷政府の幹部であるW氏との対談で聞いた次のような話は、この事実に対する皮肉のように聞こえた。

そもそもごみ箱や処分場などが設置できたのは中央からの補助金のおかげなのだ。補助金をもらった以上は何らかの取り組みをしないと。まあ、任務だからしないといけないけど……昨年は環境先進郷に選ばれたから今年も補助金が支給されるだろう。[*15]

W氏は思わず口を滑らせたかもしれないが、彼の言葉からも廃棄物政策に取り組む地方政府の本音をうかがうことができる。郷政府は上級行政機関に課された課題を遂行すると同時に、いかにしてより多くの「政績」を挙げ、補助金を手に入れることができるかが本当の目的だったのである。それゆえ、早期の段階から「目にみえる成果」を出すために、政策実施は形だけでもよかった。住民紛争の解決においては、住民の同意を取り付けることを最優先にし、金銭を惜しみなく使った。廃棄物処理の安全性についての議論は棚上げにしたままだった。

なぜ「技術政策」のような「上からの環境政策」は、その末端である地方行政まで一貫性を保つことができなかったのか。ごみのあるべき「適正処理」は、分別収集を踏まえて有機ごみは堆肥処理し、無機ごみは衛生的な処理（焼却や処分）によって、「自然の受容能力に見合うように処理」し、「生活環境を保全する」ことを意味する（田口 二〇〇二：三五）。「技術政策」の方針も基本的に同じような性格をもっているのに対して、実際には地方政府の多くは、一方的に適正処理を「施設処理」「施設建設」と読みかえ、違反行為を常態化させている。つまり、一連の政策実施において中央と地方行政との間には明らかな認識の違いがあり、意図せざる結果がもたらされるのである。

中国の地方行政は往々に「政績」を優先し、地域住民の利益を侵害する過程においても、強硬的な手段でごみ処分場建設を遂行する場合が多い。このため、ごみの搬入それ自体に対する地域住民の不安感や不公平感が助長され、各地で地域紛争を誘発している。二〇〇八年から二〇〇九年にかけて三〇余の都市でごみの「施設処理」「施設建設」をめぐる摩擦やトラブルが頻発しており、処分場建設問題は今や中国で最もセンシティブな政治問題となっている。*[16] もちろん、これらの事件は本章で取り上げた調査地の状況とは多少異なるが、共通するのはいずれも地方政府の施設建設にかかわる手続きや「適正処理」に疑問をもった住民による自主的な行動である。

中国の政治システムは中央集権体制であるからといって、中央・地方関係の実態が必ずしも支配従属の関係にあるとは言い切れない側面がある。中央の基本方針を大きく曲げないかぎり、表面的に整合性が保たれさえすれば、中央は地方政府の遠心的な傾向を看過してきた。中央の一連の環境対策は地域住民の環境改善につながる政策のはずだが、地方行政の行動パターンが往々にして中央の期待に反する政策結果をもたらし、「上からの環境政策」の遂行が難しい状況となっている。このように、制度的・構造的な中国独特の中央・地方関係は、廃棄物政策と活動実態との間にズレを生じさせた重大な要因の一つといえる。

下からの環境意識の限界――「資源」としての流用

D村が郷政府の処分場建設に反対する初期の動機は、ごみによる河川や地下水の汚染が生活環境を破壊し、健康が侵害されることへの危惧であった。しかし、なぜ計画段階においては郷政府と衝突するまでに至ったにもかかわらず、最終的には村有地への処分場の建設を受け入れたのか。反対運動が本当に環境問題を強く意識した行動であれば、処分場建設を簡単に受け入れはしないはずである。前節で言及した説明会の流れからも、D村の反対運動は郷政府との交渉だけにとどまらず、最初からC1村とC2村までをも巻き込もうとする動きがみられる。つまり、それは後の交渉のための布石であり、利益を獲得するためには不可欠であると早い段階からすでに認識していたからである。それは、交渉の場における「表象の反転」(齋藤 二〇〇〇)を利用することによって、D村の住民らが主導権を掌握するための戦略だったのである。

なぜD村は当初の単純な処分場建設への忌避から、経済利益を獲得するための「資源」へと戦術を変えたのか。D村は戦略変更によって処分場の立地の移転や水道水の普及、処分料の獲得に成功したが、ごみの減量や処分場の安全対策に力を注ぐべきという問題は議論から抜け落ち、結果的に処分場と向き合う危険性を伴った状況は何ら改善されることはなかった。実際訪れた処分場の現場をみるかぎり、土地に大きな穴を掘っただけで、処分場へいたる道路にもごみが散乱し、中央の政策指針とは異なる結果がもたらされたのである。

左記は説明会に参加したD村のY氏に、村人がなぜ処分場の建設に同意したのかを尋ねたときの会話である。

建設計画に反対したのは本来たしかに水源の汚染、健康への侵害、土地の損失に対するおそれが理由だった。建設予定地はあまりにも村と近かったし、川の上流にあって不安だったから……処分場が村の村有地に出来上がるのも時間の問題だと村幹部の説明があった。それで、あいつらは（C1村、C2村の住民）金持ちで、マンションで優雅に生活しているのに、なぜわれわれだけが被害を受けるのか、それはあまりにも不公平だという声が多かった……。*17

Y氏の発言からは村と村との経済格差に対する強い憤りがうかがえる。多くの利害対立や意見の齟齬は、価値観や現状認識のズレ、相互の不信感と関係するが、調査地での村同士の対立は経済的な理由との関わりがより深い。C村とD村の経済格差は最近のものではなく、C村の人々が海外に出稼ぎを始めた頃からすでに存在していた。C村の住民らの生活レベルの向上に対して、D村の住民らの生活状況には大きな進展がなかった。また、マンション建設によってC村は目にみえる形で変貌し、D村の住民らの不平等感がさらに増したのである。そのため、処分場建設の阻止が不可能であることを認識し始めてからは、交渉の場では施設の安全性や立地選定の不透明さという問題設定から経済利益の獲得を優先することに方向転換したのである。

村社会におけるこの種の「下からの環境意識」は、環境運動につながり住民の声を行政に伝える重要な経路となる可能性をもつが、事例からもわかるように限界もみられる。村社会における純粋な環境意識も経済利益と結びつくことによって容易に変容してしまい、自己目的化の隘路に陥る可能性がある。また、経済利益の追求を目的とするこのような反対運動がいったん成功を収めると、直ちに収束に向かい、一過性のものとなりやすいので、後に何らかの被害を受けた場合でも自らの権利主張ができなくなる。実際、二〇一〇年に起きた未曾有の集中豪雨によって、処分場のごみが溢れ出し排水溝が堰き止められ、D村の多くの農地が浸水被害を受けたが、新たな運動は起こらず要求提出もできなかったのである。

このように、空間の近代化による農村社会構造の変容は、農村のアクターの多元化をもたらす一方、村と村との不均衡な発展と地域間格差を深刻化（顕在化）させた。そして、廃棄物処理においても「周縁における被害のさらなる周縁化」が進み、ごみによる被害が周縁に集中しやすい構造を生み出している。都市と農村、村と村との地域間格差の存在、そして経済利益の獲得を優先する地域住民の脆い環境意識も廃棄物政策と活動実態との間にズレを生じさせた要因である。

6　消えない対立の火種

調査地のような処分場は「迷惑施設」であるとともに「危険施設」であることは言うまでもない。時間が経つにつれ、D村の村人は次第にその危険性を認識し始めたが、処分場建設に合意した以上は異議申し立てさえもできなくなった。ところが、二〇一二年までの処分場の使用中止という思わぬ展開により、D村の住民は窮地から抜け出すことになった。これは、二〇一〇年一〇月ごろに郷政府が主導し、処分場周辺の農地に大規模な乳牛養殖場（畜産団地）と野菜生産拠点を誘致したことに起因する。処分場に隣接する養殖場の経営者は乳牛や乳製品の安全に配慮して、誘致に合意する条件として処分場の使用中止を郷政府に求めたのである。これを受けて郷政府は二〇一二年末までに処分場を閉鎖し、別のところに代替施設をつくるという決定を下したのである。

しかし、同様の処分場をD村の周辺で建設することには村人が強く反対するため、処分場の立地選定は暗礁に乗り上げた。郷政府は処分場建設とは別に、各村に一時貯蔵施設をつくり、他地域へ搬出するという案も検討しているが、その行方も不明瞭のままである。対照的に、養殖場やビニールハウスの建設は急ピッチで進められ、一部はすでに運営を開始し、建設工事に伴う処分場への道路封鎖によって、処分場へのごみの搬入は中止状態となっている。ところが、大量に建設されたビニールハウスの多くは放置されたままであり、実際には運用されていない状態である。野菜生産拠点プロジェクトはあくまでも名目上のことで、それは不動産開発の拡大による土地徴用に伴う賠償金を獲得するための投機目的であった。わずか三年余りで処分場の使用が不能となり、行き場を失ったごみは「整備方案」が推進される以前と同様に、村の周辺の空き地に無造作に投棄される状態となった。郷政府の二転三転する施策によって、行政と村の対立は深まるばかりで、ごみ問題の解決策を見出すのは至難

写真2-3　利用されていない野菜ハウス
(2013年3月1日筆者撮影)

写真2-4　行き場を失ったごみ（C村）
(2013年2月28日筆者撮影)

写真2-5　行き場を失ったごみ（D村）
(2013年3月1日筆者撮影)

である。

このように、中央がいかに「先進的」な環境法を制定しても、政策執行段階で地方政府は上からの指導よりも管轄地域の発展を優先させる傾向があるがゆえに、環境政策の実施において「先進性と後進性の併存」（竹歳 二〇〇五：一五七）が常態化している。調査地の処分場建設をめぐる一連の騒動や合意のなかで、誰が得をし、誰が損したのだろうか。おそらくその評価は一様ではなく、明確な答えは存在しないであろう。ただ明確なのは、ごみ問題にはいまだ課題が山積しており、これが解決していないかぎり、得失を論じるのは無意味に等しい点である。

ここまで議論が進むと、もう一度、市所管のＤＳ処分場のケースを振り返って整理する必要があるだろう。常識に従って考えると、調査地のごみを距離的にも近いＤＳ処分場に搬送することができれば、その後の一連の対立や紛争も起こらなかったはずである。しかしその背景には都市─農村の「二元的社会構造」による都市ごみの処理機能を最優先する構造があり、その制度を簡単に乗り越えることができないがゆえに、農村のごみを排除する「合理性」が保障され続けてきたのである。そもそも都市と農村のごみを厳格に区分する「二元的社会構造」を前提に立案された廃棄物政策自体に大きな問題が埋め込まれており、その構造が崩れないかぎり他地域においても調査地と同様の問題を引き起こす可能性が存在し、その意味でこの事例はけっして特別なケースとはいえない。

7　閑却しえない問題

本章は農村の廃棄物処理をめぐる政策の施行過程に重点を絞って検討し、問題点の析出を試みた。取り上げた事例では地方政府の一方的な施策の遂行が、行政と村、村と村の認識の齟齬・対立を誘引し、最終的には制度設計とそぐわない意図せざる結果をもたらした。総括すると、廃棄物政策と活動実態との間に生じたズレは、「二元的社会構造」を前提に立案された廃棄物政策、独特の中央・地方関係、地域間格差、経済発展優先の地方行政、そして地域住民の未熟な環境意識など、さまざまな社会的・構造的要因が複雑に絡み合うなかで発生した結果である。

これまでのごみ問題の研究は政策と廃棄物処理との相互依存関係だけに着目し、改善策を図ろうとする思考や手法が定着・浸透しているが、ごみ問題はその地域の社会・政治構造、文化、生活慣習そして地域の歴史的形成過程との関わりが非常に強く、このような図式では説明しきれない部分が残る。とくに、中国特有のごみ問題を検討するにあたっては、都市—農村の社会構造のバイアスなしにはその内実を正確に理解することができない。本章で取り上げた事例のように、いままであまり重視されてこなかった農村のごみ問題も複雑化かつ深刻化しつつあり、都市のごみ問題と同様に避けて通ることができない重要な政策課題となっている。このような背景を踏まえると、冒頭で筆者が強調したように、都市のごみ問題だけではなく、農村のごみ問題をも併せて検証していく作業が中国のごみ問題の解明にとっていかに重要であるかが理解できるだろう。

注

＊1　「ごみ囲城」とは、「ごみが都市を包囲する」との意味で、市街で排出されたごみが、地域内で処理することができず、都市近郊などに運ばれた結果、起きている問題である。それに対し「ごみ囲村」とは、「ごみが農村を包囲する」との意味で、農家から排出されたごみが何の処理もなく、無残に農村周辺に廃棄されている問題である。

＊2　二〇〇五年一〇月の「中国共産党第一六期五中全会」で打ち出された政治目標。都市と農村の格差是正にむけてインフラ整備の重点を農村に移し、都市の公共サービスを農村まで拡大し、農民の負担軽減や義務教育の普及、環境整備などにも資金を積極的に投入することである。

＊3　都市―農村の二元構造に、都市に流入する農民工などを加えたものを「三元構造」と指しているが、近年は「社会主義新農村建設」による農村の都市化も進み、農村のなかでの「都市」も非常に多く、もはや「三元構造」に農村のなかの都市を加えた「四元構造」とも捉えることができるだろう。そう考えれば中国社会が多元的社会へと変容しているという捉え方がより正確であるかもしれないが、制度上は依然として都市と農村を分割支配する「二元的社会構造」が基本的である。

＊4　「環境先進郷」であるY郷を訪れた際に、言説とは異なる廃棄物処理の実態に衝撃を受け、そのズレの要因

を解明すべく、調査研究を続けてきた。この事例を取り上げる理由は、廃棄物処理をめぐる行政と村、村と村の合意形成のプロセスが「農村ごみ問題の所在」というテーマを考えるうえできわめて重要だと判断したからである。

＊5 「社区」は一般的には「コミュニティ」と訳されるが、実際には、中国の「社区」を外国の「コミュニティ」と同一視することはできないのである。「社区」は住民による自治組織とはいうものの、政府が公文書を発して「社区」の任務やその運用方法などに関して指導する体制となっている（張・内藤二〇〇六：九八）。

＊6 パッカードは、「機能の廃物化」「品質の廃物化」「欲望の廃物化」（より高機能、高品質なものとそれらへの欲望による廃棄）がごみ大量化・多様化に寄与してきたと指摘した（Packard 1960 = 1961: 59）。

＊7 国務院弁公庁［二〇〇七］六三号。

＊8 「中華人民共和国国民経済および社会発展第一二次五カ年計画」第七章から引用。

＊9 Y郷は人口約一・四九万人、面積は五八・三四㎢で、C村とD村をはじめ一五の村で形成されている。

＊10 処分場といっても土地に大きな穴を掘っただけで、何の遮水装置もなく、たんにごみを集積する場所である。

＊11 「Y郷二〇〇八年成果報告及び来年計画」から抜粋。

＊12 個人消費や副業用に割りあてられる耕地。そこから得た生産物のうち、自家消費外の余剰分は自由市場で販売される。

＊13 二〇〇六年から稼働したDS処分場の処理能力は一日二〇〇〇トンであり、埋め立てのごみから発生するメタンガスによって発電事業を行っている。

＊14 「農村生活汚染防止整備技術政策」から引用、環境保護部［二〇一〇］二〇号。

＊15 二〇一〇年八月一五日W氏に対するインタビューによる。

＊16 北京の阿蘇衛と高安屯、上海の江橋、江蘇の呉江、広州の番禺、深圳の白鴿湖で発生した住民運動が

二〇〇九年の「六大ごみ問題群衆事件」として有名である。

＊17　二〇一一年二月Y氏に対するインタビューによる。

第三章　形骸化したリサイクルシステムの構築

前章では、瀋陽市の農村部における処分場建設をめぐる郷政府と村の対立、村と村の対立と交渉過程に焦点をあてながら、農村部を対象にした廃棄物管理の内在的・構造的矛盾を明らかにした。農村部を対象にした廃棄物管理は、あくまでも行政の立場からの「政策論」的合理性にもとづいたものであり、管理される空間における当事者にとっての生活の論理が制度設計の段階からすでに軽視・除外されている。このような合理性の不一致が対立や紛争を招いたのである。本章では、都市部のリサイクル問題に焦点をあて、中国のリサイクルシステムの構築においてどのようなズレが生じているのかを考察する。

1　リサイクル業界の混迷

中国は著しい経済発展に伴って、天然資源のみならず再生資源への依存を強めており、今や世界最大の資源消費国となっている。一方、先進国でも中国の再生資源への依存度を高めているため、中国を中心として、世界の物質循環に大きな変化が生じてきている。中国では再生資源産業が急速な経済発展により増大する資源需要の一端を占め、経済発展を支えるまでに重要な役割を担っているが、関連するインフラストラクチャーが不十分であるため、再生資源リサイクル率は先進国と比べ依然として低い状態にある。今後、中国が持続的に発展していくためには、環境と経済を両立させた循環型社会の構築が不可欠であり、そのためには、いわゆる「３Ｒ」(Reduce, Reuse, Recycle) の取り組みを徹底的に進めていく必要がある。

循環型社会の構築は、持続可能な発展を目指すにあたって、先進国、途上国を問わず共通の目標である。省エネ・排出削減を達成したうえで、いかに効率的なリサイクルシステムの実現を図るかが成功の大きな分岐点となる。中国はごみの排出と収集、焼却や埋め立てなどの処理、リサイクルの実施などにおいて解決すべき問題が山積みであるが、本章は主にごみの収集段階における回収業について考察する。その目的は、瀋陽市の回収業の活動実態に対する考察を通じて、リサイクルシステムにおける問題の実態を明らかにし、そこに存在する構造的矛盾の原因について議論することである。

二〇〇六年三月に国家発展改革委員会が発表した「第一一次五カ年計画[*1]」は、リサイクルシステムを整備するために再生資源を集中処理する再生資源集散加工基地（以下、「集散加工基地」とする）の建設を重点政策とし、公的財源や貸付政策などで回収業の産業化に向けた支援が行われた。回収業への支援や奨励政策の拡充によって、中国では回収業が発展するためのマクロな環境が好転しているが、関連政策が社会の実状に適合せず、さまざまな矛盾や対立が現れている。とくに、二〇〇七年に回収業を対象として実施した「再生資源回収管理弁法」（以下、「管理弁法」とする）によって、資源を買い取る「回収人」においては正規と非正規という二つの主体が現れ、[*2]再生資源の流通ルートにおいても国家主導のリサイクルシステムと業界主導のサブ・リサイクルシステム（以下、「サブシステム」とする）の二つの系統が生成され、回収業は混乱状態に陥っている。

本章に先立つ既存研究としては、唐燦・冯小双（二〇〇〇）による「河南村」の研究がある。この研究は「河南村」と呼ばれる北京市周辺の回収業の就業者の集住地を取り上げ、河南人が業種内労働市場を独占するに至った過程を議論したものである。山口真美（二〇〇三）も北京市の回収業を取り上げ、業種内外での就業者の就業歴と日常の業務内容から、業種内労働市場の独占を形成する要因を明らかにしている。吉田綾（二〇〇八）は中国における自動車とE-wasteのリサイクル政策に向けた近年の取り組みやその問題点を明らかにしている。しかし、唐・冯、山口の研究は回収業の内部構造が大きく変化した現在の回収業の仕組みを説明するには不十分であり、吉田論文も自動車とE-wasteのリサイクル政策の分析に視点をあて、リサイクルシステムの重要な担い手である回収業についての実証的研究は行っていない。中国の回収業を対象にした研究は緒に就いたばかりでいまだ十分な蓄積がないため、その仕組みについては社会全体から認知されていない。

また、中国におけるリサイクルシステムの仕組みを理解するためには、いままでのリサイクル政策の整備状況、回収業の歴史的な発展状況および回収業の構造的変化についての検討も行う必要がある。

2　回収業の歴史的変遷

中国では一九五〇年代の計画経済より、国家建設の原料として再生資源が政府主導で回収、処理されてきた。当時、再生資源の回収は特殊産業として、工業部門と商業部門が所管する「物資局」と「供銷局」によって行われていた。「物資局」と「供銷局」は、全国各地に「物質回収公司」「廃品回収公司」のような回収場を設け、再生資源の回収業務を統括した。「物資局」が所管する「物資回収公司」は主に国営工場などから発生する金属（鉄、銅、アルミニウムなど）、非鉄金属などを収集し、「供銷局」が所管する「廃品回収公司」は主に企業や一般家庭から排出される紙類（段ボール、新聞紙、雑誌、古紙など）、飲料容器類（瓶、缶など）、プラスチック、ゴム、ガラス、布などを収集した。

改革開放の流れのなかで、国営の回収企業は組織体制の自由化が進み、全民所有制から自ら損益の責任を負う独立採算制となった。一九八四年には回収業への民間企業や個人の参入が認められ、回収業のチャネルが多様化した（冯・张・鲁 二〇〇六）。市場経済路線のなかで倒産する国営工場が多くなり、国営回収企業の回収活動は衰退し始め、とくに「物資回収公司」の回収活動は実質的に停滞状態となった。その後、政府の構造改革により「物質局」が廃止され、回収業務は「中国物質再生協会」に、また、「供銷局」系統の回収業務も「中国再生資源回収利用協会」に継承されることになり、それぞれの回収ネットワークは現在も存在している。[*3]

改革開放政策の導入以降、中国の再生資源は国営回収企業、民間回収企業、「回収人」の三大主体によって回収されてきた。一九八〇年代後期は、農村部の農民が大都市への出稼ぎに出始めた時期にあたる。大量の農村労働力が都市に流入するなか、都市のごみ回収・分別業務は出稼ぎ労働者に大きな就業機会を与えることになり、それまで集団所有企業の従業員が従事していた回収業務を彼らがとって代わるようになった（李・唐 二〇〇二）。大企業や工場を回収対象とする国営回収企業よりも、一般企業や住民を対象とする民間回収企業や「回収人」が市民の生活により密着している。とくに、三輪自転車[*4]で住宅街を廻りながら再生資源の回収業務を行う農民出身の「回収人」は、市民に利便性を与えるのみならず、地域の資源リサイクルにおいても重要な役割を果たしてきた。

中国の現代的な都市において、農民出身の「回収人」は不可欠な存在であるが、こうした「回収人」に対する社会的評価はきわめて低く、都市住民からの差別や、社会的排除の対象となっている（姚二〇〇四）。農民出身の「回収人」は、農村で農業に従事することよりも高収入を得ることができるが、この業界は競争が激しく、しかも資源価格が市場に影響されやすいため収入は常に不安定な状況である。廃品回収場（以下、回収場とする）を所有する人は再生資源の大量回収、大量販売によって富を蓄積することができるが、そうでない個人の「回収人」は、活動範囲や活動資金に制限があるため収入が限られており、同一業界においても内部格差が存在している。

3　回収業の制度化

中国政府は回収業における市場管理の失敗、加工技術の不足、再生資源の回収率の低下などの問題を解決するために、「集散加工基地」を充実させ、回収業の市場秩序の規範化を重点においた、リサイクルシステムの構築を試みている。商務部は第一段階として、二〇〇六年から瀋陽市で「管理弁法」を実験的に施行した。この瀋陽市の経験をもとに、翌二〇〇七年には国家発展改革委員会とともに「管理弁法」を正式に公布し、全国五五の都市で第二段階となるリサイクルシステムの構築を試行した。「管理弁法」では、企業や個人が再生資源の回収業務に従事する際には、政府関連機関の登録条件を満たさなければならず、法律を無視し営業許可書を取得せずに再生資源の回収業務に無断で従事した場合には処罰されることになる。「管理弁法」の施行には、街中に徘徊している「回収人」を行政の監視下で管理する狙いがあり、この措置によりリサイクルシステムがよりスムーズに構築できるものと期待された。

二〇〇九年まで、リサイクルシステムの構築をめぐって、商務、財政両部は五五の実験都市に対し、三万三千カ所の回収ステーション、一八一カ所の分別センター、三六カ所の「集散加工基地」の建設に向け、一七・五億元の資金を割りあてた。商務部の発表では、リサイクルシステムの実験都市で、①社区（居住区）の回収ステーション、②回収企業（分別・加工センター）、③「集散加工基地」の三つが一体となった初歩的なリサイクルシステムのモデルが形成されたという。[*5] 商務部の統計によると、二〇〇九年における再生資源の回収総量は約一・四億トン（〇六年比四二％増）で、回収総額は五〇〇〇億元を超え、二〇〇六年の二倍近くになったという。また二〇〇七年の家電、自動車の買い替え優遇策を契機に、二〇〇九年までに四三八六万台の廃家電が回収され、そのうち三二一六万台が解体され、鉄、プラスチック、非鉄金属など、約五〇万トンの資源が有効に回収されている。[*6] しかし、再生資源回収率は、比較的高値で取り引きされる鉄くずを除き、廃プラスチック、廃ゴム、古紙などではまだ低い水準にとどまっている。

すでに述べてきたように、二〇〇九年の全国人民代表大会では、「エネルギー節約法」の改正に加え、循環経済の発展を促進し、資源の利用効率を高めることを目的に、「循環型経済促進法」が施行された。同法では、循環経済を発展させるには、技術が実行可能で、経済的に合理的で、かつ、資源の節約や環境保全に有利であることを前提とし、減量化を優先する原則に従い実施しなければならないと規定されている。また、廃棄物の再利用や資源化プロセスにおいて、生産の安全を保障し、製品の品質が国に定められた基準をみたすことを保証し、かつ、二次汚染の発生を防止しなければならないと定められている。*7

さらに、二〇一一年に個別リサイクル政策として施行された「中国版家電リサイクル法」では、製造者責任制が導入され、材料選定時での有害物質の使用を抑制し、リサイクルを前提とした製品設計の導入を図るとともに、生産企業の技術・人材・販売・サービス網を活用した資源回収・再利用体制の実現を図ることが定められた。同法では、対象をテレビ・冷蔵庫・洗濯機・エアコン・パソコンの五品目とし、家電の生産者およびアフターサービス業者に廃家電を回収する義務を課している。回収された廃家電は、処理能力がある国の認定企業によって環境基準を遵守した処理・リサイクルが行われねばならないと規定されている。

商務部は二〇一一年から第三段階となるリサイクルシステムの構築の試行を開始し、条件を備えた村地区でも今後五年間かけて少しずつ推進する計画である。そして、実験都市では、九〇%以上の「回収人」をフォーマル化し、九〇%以上の社区に整備された回収ステーションを設け、九〇%以上の再生資源を指定の「集散加工基地」で売買・集中処理することを目標に再生資源の回収率を八〇%以上とする政策目標の達成が目指された。

4 システム構築の岐路

中国はリサイクルシステムの構築において一定の成果を収めているが、現状としてはさまざまな問題が存在しており、必ずしも商務部の発表のように順調ではない側面がある。本節では、こうした公式の見解とは立場を異にして、瀋陽市の回収業者に関する実態調査をもとに、現に回収業に従事している当事者がリサイクルシステムをどのように受け止めているのか、そして現場においてどのようなズレが生じているのかを考察していく。

「回収人」の二分化

瀋陽市で回収業に従事する人々は、河南省や河北省から移動してきた農民が圧倒的に多い。都市住民は仕事がなくても、社会的地位の低い、いわゆる「3K」(「きつい」「汚い」「危険」)と呼ばれる回収業を回避しがちであったためである。農民出身者は、都市に取り残された古い平屋で寄り添いながら共同生活を行い、都市のなかでは合法的な居所がないのが一般的である(靳 二〇〇一)。このような「回収人」のなかには、同じ農村部の友人や親戚から呼び寄せられて都市に来た人も多く、ある範囲で共同体を形成している。「回収人」の共同体は、成文化されてはいないものの、一定のルールに従い連携を取りながら、ゆるやかな行動規範を共有している。たとえば、再生資源の回収価格についての情報の共有、明確な個々人の回収地域の分配、資金調達に対する協力などが挙げられる。このような共同体は固定的、静的なものではなく、つねに生活条件によってその形態類型が転換する性質をもっている（松田 二〇〇四：二五八）。

瀋陽市では回収業を営む人々による共同体が数多くあり、同一地域内に複数の共同体が存在している場合があるため、「回収人」の間で度々トラブルや衝突が起きる。それぞれの共同体には、独自の再生資源の流通ルートがあり、成員の安定的な収入を維持するための努力が続けられてきた。彼らは仲間との協力関係を強化し組織力で外部勢力と対抗することができたため、農村とまったく異なる都市での生活を維持することが可能であった。その一方で、このような共同体に属していない「回収人」は常に排除される立場におかれてしまう。

瀋陽市再生資源回収協会[*8]（以下、回収協会とする）の統計によると、二〇〇六年、瀋陽市には回収場が一二〇〇カ所あり、回収業に従事する「回収人」は二万人を超えるという[*9]。しかし、「回収人」による窃盗品の買収、再資源化が困難なごみの不法投棄、回収場による悪臭や水質汚濁などが大きな社会問題となった。このような背景のなかで、瀋陽市は回収業を整備し再生資源の回収率を促進する

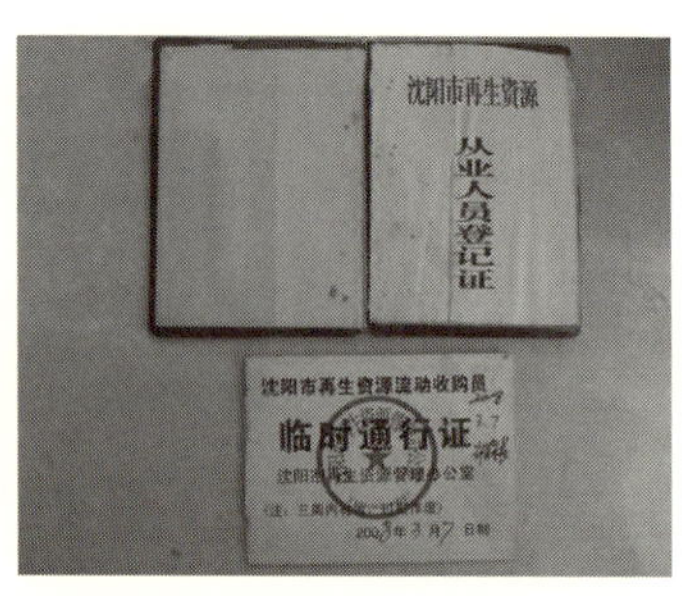

写真3-1　廃品回収登記証と車両通行証（2011年2月28日筆者撮影）

ことを目的として、商務部の指導のもとで二〇〇六年に「管理弁法」を全国でいち早く施行した。「管理弁法」が施行されると、回収業者に対する審査と取り締まりが強化され、無許可の経営、あるいは環境汚染の問題がある二二八カ所の回収場が完全に閉鎖されるか、あるいは営業を一時停止された。そして、環境基準を満たす一一五カ所の回収ステーションが新設され、「五つの統一」（統一管理、統一登録、統一訓育、統一標識、統一車両）を基準にして、二三〇〇人の流動「回収人」が市内での回収業に従事することを許可した（写真3-1）。それは、最終的に五〇〇〇人までの「回収人」をフォーマル化する計画であった。[*10]

回収協会に認可され身分が保障された「回収人」は、「緑色回収車」の標識がつけられたモーター付きの三輪自転車で指定された地域の範囲内で回収業務を行う。ところが、再編後の「回収人」の多くは都市住民であった。彼らは都市出身の失業者問題を解決する方策として優先的に採用されたのである。[*11] その結果、既存の多くの農民出

写真3-2　正規「回収人」
(2009年3月13日筆者撮影)

写真3-3　新設の回収ステーション
(2010年8月15日筆者撮影)

身である「回収人」はフォーマルな身分が得られず、その活動が違法とされることになった。

このように「管理弁法」の施行により、瀋陽市の「回収人」においては正規と非正規という二つの主体が現れ、正規「回収人」にのみ正当性が付与されることになった。その結果、農民出身者が大勢を占める非正規「回収人」に対する排除が本格的に行われるようになったのである。行政の関連機関と正規「回収人」の両方からの排除を受けるかたちとなった非正規「回収人」は、市内での活動を縮小し、都市の近郊やより広範な農村部を対象にして活動範囲を広げ、新たな回収地域を開拓した。さらに、関連機関の厳しい取り締まりを回避するために、白昼の回収業務を取り止め、早朝と夕方のみ住宅街を廻りながら正規「回収人」より少し高い値段で再生資源を回収した。その結果、ある時期には、「回収人」同士の価格競争に加え、国際市場における再生資源の価格の高騰により取引価格は急上昇し、市民も価格志向で「回収人」を選んでしまう事態となった。

しかし、二〇〇八年の金融危機に伴う国際市場における資源価格の暴落は、瀋陽市の回収業に強い衝撃を与えた。三〇〇余りの回収業者は一時的に営業停止あるいは廃業に追い込まれ、「回収人」の収入も激減したため、回収業を辞める人々が続出した。回収協会には正規「回収人」として三〇〇〇人ほどが在籍していたが、金融危機の後に二〇〇〇人以下にまで激減した。[*12] 都市出身者が多数を占める正規「回収人」は、回収業の他にも就業する選択肢をもっていたため、他の業種に転職してしまっ

写真3-4　非正規「回収人」
（2009年3月16日筆者撮影）

写真3-5　無許可の回収場
（2010年8月15日筆者撮影）

たのである。その後正規「回収人」の減少を埋める形で非正規「回収人」の市内での活動が活発化し、市街地では明らかに正規「回収人」よりも非正規「回収人」のほうがよくみられるようになっていった。

以上の結果、瀋陽市の再生資源の回収業務は今でも農民出身の非正規「回収人」に依存せざるをえず、「回収人」のフォーマル化がなかなか進まないのが現状である。リサイクルシステムの実験都市である北京、上海、広州などの大都市でも同様の現象が起き、商務部が目指す九〇%以上の「回収人」をフォーマル化する目標の達成には程遠い状況である。

「サブシステム」への分流

商務部が構築するリサイクルシステムは、再生資源の「多元化回収、集中処理」を基本的方針とする(杨 二〇〇八)。再生資源の流れとしては、「再生資源→『回収人』→回収ステーション→回収企業→集散加工基地」という仕組みになっている。しかし、実際には国家主導のリサイクルシステムとは別に業界主導の「サブシステム」に再生資源の流通が分散化され、「集散加工基地」は先端的な処理設備を整えているものの、まだ十分に稼働していない。たとえば二〇〇八年六月に完成した瀋陽市の「集散加工基地」であるZ社では、三二の再生資源企業を収容することができ、再生資源の分解加工能力は年間一〇〇万トンに達する規模である。しかしながら二〇一〇年までの入居企業はわずか二〇

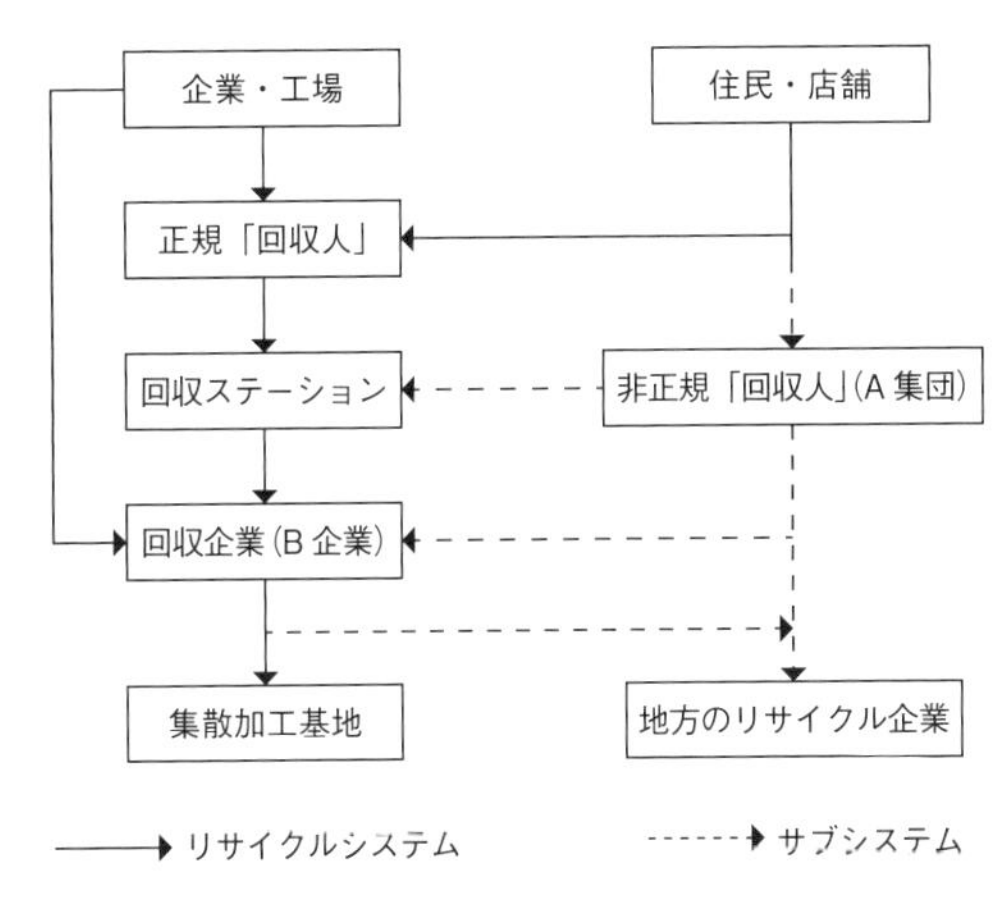

図3-1　再生資源の流通ルート（出所：筆者作成）

企業・工場の再生資源が非正規「回収人」に売却されることもあるが、そのようなケースは非常に少ないため、図式では省くことにした。なお、この図式における地方のリサイクル企業は主に地方政府による公認を受けている主体を指す。

社程度で、年間処理量は五〇万トン程度に留まっている。[*13]

図3-1で示すように、再生資源が回収ステーションに完全に集約されず、回収ステーションを通して回収企業に集められた再生資源は必ずしも「集散加工基地」には搬送されない。非正規「回収人」や回収企業から地方のリサイクル企業への独自の再生資源の流通ルートが形成され、計画されたリサイクルシステムにはいくつかの断絶がみられる。以下では、このような「サブシステム」における再生資源の流通ルートについて、瀋陽市の再生資源の収集を担う非正規「回収人」の集団（以下、A集団とする）と政府によって認定された民間回収企業（以下、B企業とする）を取り上げその詳細を考察してみたい。

［A集団の事例］

A集団は、河北省安平(アンピン)県出身のL氏と彼が呼び寄せた親せきや同郷人で構成され、瀋陽市で長年にわたって再生資源の回収業務を行ってきた。「管理弁法」が施行される前、A集団は都心近くに二カ所の回収場を所有し、それを基盤として一九の親族が回収業に従事していた。[*14] しかし、「管理弁法」の施行後、A集団の構成員もフォーマルな身分が得られず、いままでの再生資源の回収業務が違法行為となってしまった。A集団が所有していた二カ所の回収場も取り締まりの対象となり、活動の拠点を都市近郊に移すことを余儀なくされた。A集団は水道やトイレもない都市近郊の古い平屋で集団居住し、厳しい状況でありながらも回収業を継続してきた。

A集団が扱う再生資源の種類は、鉄、紙類（段ボール、新聞紙、雑誌）、飲料容器類（瓶、缶、ペットボトル）、プラスチック、ガラスに大別される。L氏は扱う品目を瓶だけに特化しているが、他の構成員は一つの品目に特化せず、上述したあらゆる品目を回収対象としている。彼らは早朝や夕方に三輪車で街中を廻り、住民や店舗、建築現場などから再生資源を買い取る。集めた再生資源が荷台に一杯になると、いったん居住地に戻って段ボール、ペットボトル、瓶を共同保管場におろし、その残りを回収ステーションへ売りに行く。通常、回収ステーションごとの買い取り価格には大差がないため、最寄りのなじみの回収ステーションに転売することにしている。集めた再生資源を当日転売することによって、

写真3-6　A集団の廃品の一時保管所
(2011年2月28日筆者撮影)

写真3-7　出荷待ちのA集団の廃品
(2011年2月28日筆者撮影)

労働報酬をその日のうちに現金で手に入れることができ、再生資源の価格変動によるリスクを避けることができるのである。

共同保管場におろした段ボール、ペットボトル、瓶などは、その日のうちにL氏が計量、計数に立ち合って袋詰めや梱包などの作業をし、詳細にメモ帳に記入してから共同保管する。[*15] これらの再生資源は一週間ごとに取引先に出荷されるが、それぞれの販路は異なる。再生資源の出荷ルートとしては、リサイクル企業へ直接出荷する方法が最も利潤が高いが、そのためには出荷量が十分であることや出荷先のリサイクル企業と安定的な取引関係をもっていることが必要条件となる。A集団の場合は段ボールのみ市内のB企業に直接出荷し、瓶は河北省赤城（チチョン）県、ペットボトルは遼寧省大連（ダイレン）市のリサイクル企業とそれぞれ取引関係を保っている。段ボールはB企業が直接毎週トラックで運びに来るが、ペットボトルと瓶は毎週仲買人を経由して、それぞれのリサイクル企業へ出荷する。A集団が収集したペットボトルと瓶の総量はトラック一台分に満たないため、L氏は知り合いの他の非正規「回収人」の集団と連携し、リサイクル企業へ共同出荷している。[*16]

出荷時は双方が立ち会って出荷量を確認し、トラックに積み込んだその場で現金を受けとる。取引が終わるとその代金をメモ帳に記入されている個々人の回収量に応じて分配する。再生資源の価格は日々変動しているため、A集団は情報入手ルートを確保しながら、再生資源の出荷サイクルを約一週間にすることによって、リスクを極力避ける戦略を採っている。L氏の話によれば、構成員の収入は回収量や価格変動に大きく影響されるが、毎月二〇〇〇元～三〇〇〇元ぐらいの純利益が出るという。[*17] A集団は血縁、出身地における地縁関係を基盤にして、互助・協力関係で最大限の経済利益を追求している。

［B企業の事例］

次にB企業の再生資源の販売ルートについて検証したい。B企業はトラック六台と三〇人の従業員を有し、金属（鉄、銅、アルミなど）、紙類（主に段ボール）、プラスチックを回収・加工する、政府によって認定された民間回収企業である。B企業は住民や店舗から直接再生資源を回収せず、市内にあるいくつかの建築現場や生産企業、五つの回収ステーションと再生資源の回収契約を結んでいる。それだけではなく、A集団のような複数の非正規「回収人」の集団とも取引関係があり、大量の再生資源を取り扱っている。B企業は再生資源のリサイクルを直接行わず、収集された再生資源を選別、洗浄、裁断、粉砕し、再生材料としてリサイクル企業に引き渡している。

裁断された鉄などの金属類の出荷先は市内の「集散加工基地」（Z社）である。しかし、他の再生材料は市内の「集散加工基地」へは出荷せず、紙類は河北省承徳(チョントー)市、プラスチックは山東省徳州(トーチョウ)市のリサイクル企業にそれぞれ出荷している。建築現場や生産企業、回収ステーションには、毎夕トラックで再生資源の収集に行くが、A集団のような複数の非正規「回収人」の集団には一週間ごとに行く。企業の敷地に運ばれた再生資源は、朝までに再生材料に加工され、ほぼ二～三日間に一回のペースでトラック一台分（約二〇トン）をそれぞれの取引先に出荷している。市内の「集散加工基地」も紙類、プラスチックのリサイクルを業務としているが、地方のリサイクル企業と比較して再生材料の買い取り価格が低い。地方のリサイクル企業と市内の「集散加工基地」との間には、紙類が約一五〇元／一トン、プラスチックが約二〇〇元／一トンの価格差があり、トラック一台分（二〇トンの場合）では、その差が紙類で約三〇〇〇元、プラスチックで約四〇〇〇元にものぼる。月にそれぞれ一〇回ほど出荷すると、その差額は少なくとも紙類で三万元ぐらい、プラスチックで四万元ぐらいの計算となり、単純計算で運送費を半分程度除いたとしても利益差は月に三・五万元ほどにもなる。*18 そのため、B企業は企業の経済利益を高めようとして、再生材料を地方のリサイクル企業に出荷することを選択したのである。

B企業の営業利益のうち、市内の「集散加工基地」との取引による利益はわずかであり、その大部分は地方のリサイクル企業との取引に依存している。リサイクルシステムの構築においては、回収企業から再生資源を「集散加工基地」に搬送し、処理することが求められているが、多くの回収企業は再生材料の買取価格がより高い地方のリサイクル企業との間に流通ルートを保っている。

5　利害対立の構造

　中国における循環型社会の形成は、経済政策、資源政策、環境政策の統合化を目指した国家建設の基本政策としての性格をもっているが、そのなかでもとりわけ経済政策に軸足をおいている。その一環として位置づけられたリサイクルシステムの構築は、当初、次のような問題を解決することが期待された。①登録・届け出など制度の導入によって、回収業者への監督・管理が強化され、②各主体の責任分担が明確になり、回収ネットワークの無秩序な現状が改善される。そして、③再生資源を集中処理することによって、再生資源の有効利用が増加し、都市経済の発展が促進される。ところが、前節の事例からも示されたように、実態としては、回収業者に対する監督・管理が十分に機能しているとはいえず、「回収人」が二分化するという現象がみられ、「サブシステム」の形成によって再生資源の集中処理も完全に実現されていない。なぜ、リサイクルシステムの構築においてこうした制度の趣旨と実態の間にズレが生じたのか。本節ではその構造的要因について分析する。

生活・生業の維持

制度の趣旨と実態の間にズレを生じさせた社会的要因の一つとしては、地域間格差による労働力移動の歴史的背景がある。多くの場合、ごみ問題は環境問題であると同時に貧困問題であり、また人権問題でもある。「回収人」を公に認知された形でフォーマル化しようとする動きは、行政による管理的な視点にもとづいて、再生資源の市場構造の高度化を意図したものであるが、それは再生資源市場に密接にかかわってきた「回収人」の貧困問題や格差問題と深い関わりがあるため、容易に解決されるものではない。

一九五八年に制定された「戸籍制度」により、都市住民と農村住民を厳格に区別し、分離する政策がとられ、農村住民は、長い間、都市への移動を厳しく制限されてきた。改革開放政策の導入以後、都市で出稼ぎ労働をする農民が徐々に増えて、ついには農民の都市での就業が公認されるに至った（洪二〇〇三）。人口・労働力の地域間移動は、経済的後進地域から先進地域へ、農村部から都市部への移動がその主な趨勢であることは言うまでもない。ところが、出稼ぎ労働者は農村戸籍を有するかぎり、どのような職業に従事しようとも、農民であることに変わりはなく、職業選択の自由は非常に限定されていた。多様な職業のなかで、都市での回収業は、社会の最下層の出稼ぎ労働者が現金収入の道を得る重要な「雇用の場」である。いままで、再生資源の回収・利用において、行政が直接担当する部分は非常に限定的であり、その多くが出稼ぎ労働者によって担われてきた。にもかかわらず、再生資源を回収する出稼ぎ労働者は、都市住民との間に横たわる格差や労働条件、社会保障、生活環境等の数々の困難に直面することになる。

資源リサイクルの一連の流れをシステム化するということは、リサイクルにかかわる人々も管理の体系下におく必要がある。こう考えると、なぜ行政が「回収人」のフォーマル化に積極的に乗り出そうとしているのか、その理由は想像に難くない。「政策論」の観点からは、この「回収人」のフォーマル化は、「合理的」で「正当的」な措置であり、一見、疑いようがない。一方で、「回収人」の関連機関への登録・届け出と身分許可制度、強制移転など、一連の管理政策には、農村出身の「回収人」を排除しようとする構造的暴力が内包されている。事例からもわかるように、フォーマル化の範疇からすでに農村出身の「回収人」を除外しているのだ。しかし、就業機会が少ない出稼ぎ労働者にとっては、回収業は依然として地方に比べて高収入を獲得する可能性があり、貧困から脱出することができる可能性をもった職業である。だからこそ、関連機関の規制にもかかわらず、農民出身の「回収人」は回収業を継続しようとするのである。身分許可制度や強制移転などの政策は、長年にわたって回収業に従事してきた出稼ぎ労働者の生活の基盤を奪うことになるため、彼らは自分たちの権益を守ろうとしてゆるやかな反発と抵抗を選択したのである。

「回収人」のフォーマル化における身分許可制度、居住地の強制移転、社会的ステータスを公的に与える政策などは、かつて日本でもそうであったように、いずれもあまりうまく機能しておらず、経済や社会の発展を待たねばならないという側面をもっている。日本の高度経済成長は社会全体で雇用の拡大をもたらしたため、回収業から他の職業への職業転換を可能にした。そして、資源価格の低下、ごみ箱の廃止と定時・定点収集への変更、モータリゼーションの影響、分別収集の始まりなどによって、回収業の存立基盤が大きく変容し、実態としては公認された「回収人」だけが残るようになった（藤井・平川 二〇〇八）。

中国においては、日本のようにごみの定時・定点収集や分別収集が実施されておらず、ごみの排出方法が根本的に変化していないため、資源リサイクルは「回収人」の活動に依存せざるをえない。非正規「回収人」と行政や正規「回収人」との一進一退の攻防は、短期間では解消できない。都市と農村の間に貧困問題を生み出すような構造からの脱却へ向け、教育、就労、社会保障、医療等の面の制度改革を進めなければ、「回収人」のフォーマル化をめぐる根本的な問題解決ははかれないであろう。

システム設計の欠陥

制度の趣旨と実態の間にズレを生じさせたもう一つの要因として、システム設計が不十分であることを指摘することができる。再生資源を「集散加工基地」で集中処理する方策は、再生資源のリサイクル率をより高めることが、一つの狙いであるが、同時に都市社会で発生した再生資源の地方への流出を阻止し、都市経済の発展を促す狙いも含まれている。再生資源産業においては、もともと市場原理にもとづく企業の取り組みがあり、全国各地にリサイクル企業が数多く存在し、このような政策の施行は地方のリサイクル企業の営業基盤を揺るがすことになりかねない。地方におけるリサイクル企業は設備、加工技術の不足による環境汚染のリスクが高いものの、これらの企業は地方の雇用を生み出し、地方政府にとっては重要な税収源となるため、その多くは根強い地方保護主義によって関連当局に擁護されている（梁 二〇〇六）。地方政府は税制や融資などで地元のリサイクル企業に多くの便益を与え、そのうえ労働力も安価であることから、企業は再生資源をより高額に買い取ることができる。廃棄物管理において、国と地方の異なった次元に属する主体の戦略が、互いに適切な形でかみ合っていないため、利害の対立が表面化したのである。

回収業の各主体においても環境配慮型の経営を目指した新しい試みが議論の俎上には上るが、その必要性についての共通認識が低く、依然として経済至上主義の意識が根強く存在する。そのため、回収業の各主体は環境配慮よりも私的利益の最大化を目指して経済的に合理的な行為を選択し、再生資源の流れにおいて「サブシステム」の仕組みが形成されたのである。こうした状況を踏まえれば、リサイクル政策の制度設計において、既存の地方のリサイクル企業をたんに排除するのではなく、全体利益の最大化を図るとともに、個別利益の維持も念頭においた打開策を見出すことが必要であると考えられる。

システム設計の不十分さの問題は、とくに家電リサイクルシステムの構築において鮮明に現れている。全国各地に建設された先端技術を整えた廃家電の集中処理施設は、収集された廃家電の回収量が少ないため、経営困難に陥っている。日本の家電リサイクル法では、消費者が家電を廃棄する際に、リサイクル料金のほかに運搬料金を支払うが、中国の現状は日本とまったく逆である。中国では、廃家電には依然として大きな市場価値があり、その多くは有価物として買い取られ、中古家電としてリユースされている。[*19] 廃家電の処理においては、すでに「回収人」や民間回収企業によって回収ネットワークが形成され、フォーマルな家電処理業者が新たなリサイクルシステムを構築しようとした場合、市場原理に従い「回収人」や民間回収企業と同じ市場価格で競合しなければならない。家電処理業者が廃家電を回収する際にかなりの買収費用がかかることになり、企業経営にとっては大きな負担増になる。

中国における家電リサイクル法では、廃家電の処理費用をまかなうための「処理基金」の設立が定められているが、その費用負担方法が明確に示されていない。また、排出者（個人、組織）は集中処理への協力義務を有すると定められているが、具体的内容や違反時の罰則規定もない。その条文は原則的な記述に留まっており、具体性・実効性に乏しい内容となっているため、現状は依然として「回収人」や民間回収企業により構築された「サブシステム」に回される廃家電が多いのである。

　このようにリサイクル政策におけるシステム設計の不十分さとそのズレを見直さないかぎり、「集散加工基地」に大規模な解体・処理設備を導入しただけでは、再生資源の適切なリサイクルを実現することは困難であり、再生資源の流通ルートにおける「サブシステム」の構造は容易に変化しないであろう。

6　循環経済の虚妄

　本章では、瀋陽市の都市部における回収業者に対する実証的研究を行い、「回収人」の二分化現象、ならびに、再生資源の流通ルートにおける国家主導のリサイクルシステムと業界主導の「サブシステム」の二項関係の存在を明らかにした。また、中国政府が「回収業の市場秩序の規範化」に対応する目的のためだけに制定したリサイクル政策は、地域間格差による貧困問題やシステム設計の不十分さが原因で、実行性に乏しい現状があることも明らかにした。このような問題の改善にあたっては、廃棄物管理システムの改善にとどまらず、農民と都市住民を分割する「戸籍制度」の改善、出稼ぎ労働者の就業支援の拡充、産業構造の転換、ガバナンス能力の強化、生活様式の変革など多岐にわたる努力が必要である。

また、いままでの中国のリサイクル政策は、循環経済のもとで、よりいっそう効率的な経済成長を目指すものであるから、資源利用と環境負荷を相対的には減らすが、大量生産・大量消費の経済成長システム自体は変わらないという限界も指摘しておかなければならない。今後、中国では、社会全体として環境負荷を低減し、循環型社会を形成していくことが求められる。そのためには、廃棄物管理事業の各段階（発生、排出、収集、運搬、中間処理、最終処分）において、独自にまたは互いに協力して役割を果たすことが重要である。

注

＊1　二〇〇六年から二〇一〇年を目標期間とする政策のことで、「内需拡大」「産業構造最適化」「省資源、環境保護」「イノベーション」「改革開放の深化」「人間本位」が「六つの立脚」として示されている。

＊2　中国では関連機関に申請・登録し、営業許可書を取得した「回収人」の主体を正規「回収人」とし、それとは反対に関連機関に申請・登録せず、無断で再生資源の回収業務に従事している「回収人」の主体を非正規「回収人」と称する。

＊3 「中国物質再生協会」は一九九三年に設立された社団で、再生資源の回収・リサイクル企業、鉱業関連企業、科学研究・教育機関および個人が会員である。「中国再生資源回収利用協会」は一九九二年に設立された社団で、団体会員二〇〇余り、二五省および地市レベルの協会、約一万企業が加盟している。

＊4 畳一畳ほどの大きさの荷台を自転車の前（あるいは後ろ）につけた運搬用リヤカー。

＊5 「新華社通信」二〇一一年四月七日の報道による。

＊6 「人民日報」二〇一〇年四月八日の報道による。

＊7 「中華人民共和国循環型経済促進法」第二条、第四条を参照。

＊8 二〇〇五年四月に、瀋陽市における再生資源の回収企業、再生資源の処理業者、市の関連組織などで成立した非営利組織であるが、実質的には瀋陽市政府によって所管されている。

＊9 「中国環境報」二〇〇六年四月一一日の報道による。

＊10 遼寧省商業庁市場建設処二〇〇八年三月七日の資料による。

＊11 主に女性四〇歳以上、男性五〇歳以上の「四〇五〇人員」と呼ばれる都市出身の失業者である。

＊12 二〇〇九年二月二六日、瀋陽市再生資源協会への聞き取り調査による。

＊13 二〇一一年二月二七日、Z社の責任者への聞き取り調査による。

＊14 二〇〇九年二月二八日、L氏への聞き取り調査による。管理弁法の施行後、一九家族のうち四家族がA集団から離脱し、二家族は活動拠点を地方都市に移し、ほかの二家族は地元に戻ったという。

＊15 飲料容器は個数、それ以外の品目は重量で計算する。

＊16 二〇〇九年三月二日〜五日までのL氏に対する聞き取り調査による。

＊17 二〇一〇年八月二六日〜三〇日までのL氏に対する聞き取り調査による。

＊18 二〇一〇年八月一五日〜一九日までのB企業の経営者に対する聞き取り調査による。再生材料の差額は

二〇一〇年八月時点の相場で計算した。

＊19 中古家電の販売対象は、都市部での出稼ぎ労働者、学生、農村部の農民などである。

第四章　ごみ山を生きる人々の生活実践

前章では、瀋陽市都市部におけるリサイクルをめぐる問題を考察してきた。リサイクルシステムの整備を重点とする廃棄物管理では、既存の回収業者の立場（生活の論理）が考慮に入れられず、無視された形となってしまっている。その結果、「回収人」の二分化が起こり、複数の回収ルートが形成されてしまった。本章では、すでに検証してきた農村部の廃棄物処理の制度化の問題と都市部のリサイクルシステムの構造的矛盾とを踏まえながら、考察の対象を都市と農村の狭間地域に移し、廃棄物処理における制度と実態のズレを人々がどのように受け止め、生きているのかを明らかにする。

1　都市周辺に潜在する産業

一九七八年、中国は長らく続けてきた計画経済体制に終止符を打ち、改革開放政策を導入し、経済建設を重視する市場経済へと舵を切った。それから三十数年を経て急激な経済成長を成し遂げた現在では、計画経済時代とは比べものにならないほど物質的にも経済的にも豊かになり、消費の選択肢も多様化している。また、都市部では現代的な高層ビルが次々と建築され、従来の都市景観が著しく変貌し、都市空間も猛スピードで外延に拡大している。都市部への流入人口の急増に伴い、生活ごみの排出も年々増加している。

都市部郊外には、いくつかの政府認定のごみ処分場が設置され、行政機関の責任のもとでごみを収集・運搬し、処分場で焼却処理と埋め立てが行われている。しかし、処分場の処理能力は急増するごみの排出量に追いつかない。政府認定の処分場で処理されないごみは、都市周辺に点在する数多くのごみ山に向かう。土地資源がひっ迫している中国の大・中都市は、「ごみ囲城」の現状をいかに打開していくのかという難問に直面せざるをえない状況におかれている。

都市周辺のごみ山は衛生・安全上の問題を抱えている一方で、緊迫化している都市部の廃棄物処理問題を少なからず緩和してきた。しかし、こうしたごみ山のほとんどは完全に隔離された閉鎖空間ではなく、住民の生活空間と隣接している。通常、ごみ山のような迷惑施設の立地は、「NIMBY症候群[*1]」によって地域住民に忌避されがちである。にもかかわらず、ごみ山が所在する地域の住民は迷惑施設の存在を許容し、積極的に排除しようともしない現実が存在する。いったい、当該地域においてどのような生活空間が織りなされ、どのような経緯でごみ山が形成されたのだろうか。

消費社会の舞台裏で都市周辺に[*2]無秩序なまま放任されたごみ山を生活者の立場から捉えてみると、それは農村からの出稼ぎ労働者である「拾荒人」にとっての資源の宝庫であり、彼らにとっての糧として位置づけることができる。一般社会の底辺（周縁）で生きてきた「拾荒人」は、ごみ山を漁ることを一つの職業として確立してきた。再利用可能な、商品価値のある廃品を手に入れるため、「拾荒人」

はごみ山を転々と移動しながら生活を営んでいる。また、ごみ山の周辺には「拾荒人」や廃品回収に携わる「回収人」、そして再生資源の加工や転売を生業とする人々などの居住空間である「ごみ村」（ごみタウン）が常に付随して生成されている。前章で検討した通り、リサイクルシステムには行政が認可した公式のセクターとは異なる、「サブシステム」がすでに組み込まれており、事業全体のなかでリサイクル業が一定の規模と割合を占めている。

このようなインフォーマル・セクターの存在は、農村からの出稼ぎ労働者に就労の場を提供し、都市から排出されるごみの再資源化に貢献してきた。また都市空間の周縁に点在するこうしたインフォーマル・セクターの形態と規模は、当該地域の経済発展の度合、廃棄物適正処理の程度、リサイクル産業の発展状況などを測るバロメーターにもなっている。

そこで本章では、瀋陽市の都市周辺のごみ山に焦点をあて、廃棄物処理における制度と実態のズレを人々がどのように受け止め、生きているのかを考察する。そして「拾荒人」の生活実践に対する考察を通して、ごみ山がどのようなせめぎあいのもとで生み出され、廃棄物処理の制度化において、どのような亀裂や相克を抱えているのかを明らかにする。

2　ごみ村と廃品収集の人々

ごみ山研究の欠乏

これまで国内外でさかんに行われてきた中国のごみ問題の研究は、先進的な廃棄物政策と管理システムを構築することで、都市内部のごみの排出を量的に抑え、排出されたごみを技術的に無害化処理することが中心的な課題であった。このような課題の探求はむろん重要ではあるが、都市周辺に実在しているごみ山や「拾荒人」のことを不問に付したままでは、その問題解決には程遠い。

こうしたごみ山や「拾荒人」を視点に収めた研究はこれまでわずかしか蓄積されていない。広州市「興豊ごみ処分場」を「空間政治」の観点から分析した周大鳴・李翠玲（二〇〇七）は、処分場で働く「拾荒人」の就業実態、経営者と政府の権力構造を明らかにした。しかし、その分析対象はあくまでも政府公認のごみ処分場であり、それよりもはるかに多いごみ山は研究の対象から抜け落ちている。ほかにも伍阳雪・喻立珊（二〇一一）は、ごみ山が林立するような現状を打開するために、ごみの分別と減量を徹底し、ごみ処分を有料化する政策を導入することが必要であると指摘している。孙会利・刘璐（二〇一三）もまた都市における廃棄物処理の圧力を軽減するためには、分別回収が最も効率的でエコロジカルな方法だと主張する。しかし、これらの研究はごみ山を主題にしているにもかかわらず、ごみ山の実態や形成要因については十分に検討しておらず、あくまでも分別回収による量的削減の重要性に言及するに留まっている。

他方、陳雲と森田憲は、中心市街地と郊外農村部の深刻な行政・財政をめぐる二重構造が存在し、そのもとで、ごみの一方的な移動、すなわち「ごみの郊外農村部へのダンピング現象」というべき事態が起きていると指摘する（陳・森田 二〇一二：四）。陳・森田によれば、大都市周辺でごみ山が乱立している現状を取り締まる（解決する）ためには、「大量生産、大量消費、大量廃棄の生活スタイル」や「都市―農村間のさまざまな意味での二重構造」を是正することが根本的な対策であるという（陳・森田 二〇一二：六）。だとすれば、「さまざまな意味での二重構造」の内実を具体的に考察していく必要があるだろう。ここで両氏の用いる「二重構造」とは、都市―農村間に存在している異なる行政・財政体制や所得格差といった「二元構造」のことを指す。しかし、都市―農村間の「二元構造」が、なぜ他でもない都市周辺にごみ山を形成するのか、その具体的プロセスが明示されることはない。むしろ具体的事例にもとづきながら、中国社会で長らく採られてきた「二元構造」のもとで、都市周辺がいかなる変容を遂げつつあるのか、その変容をもたらしている原動力はいかなるところにあり、それがごみ山の乱立現象とどのような関係性（必然的な結果）をもっているのかを究明すべきであろう。

さらに、こうした対策の検討において、廃棄物管理にかかわる「公共空間」の「当事者」である「拾荒人」の既存権益との調整も議論の俎上に載せる必要がある。なぜなら、「拾荒人」も視野に入れた政策議論をしなければ、「公共空間」におけるごみ問題の解決は難しいと考えられるからである。

こうした問題意識を踏まえ、本章では、廃棄物処理の制度化（システム化）を無批判に優先する従来の「トップダウン的アプローチ」とは一定の距離をおきつつ、社会学で蓄積されてきた「ボトムアップ的アプローチ」に着目し、ごみ山の現場で生業を営む人々の生の声（言い分）を丹念に拾い上げ、廃棄物処理の制度化に内包されている問題を抽出する。

取り残された村

本章で取り上げる瀋陽市北部のT村は、第二環状道路（以下、二環路とする）と第三環状道路（以下、三環路とする）の間に位置している。北側は瀋陽市最大の人工湖に面し、東側は市営の汚水処理場、そして南側は大きな廃金属取引市場と隣接している。T村の周辺は一九八〇年代から砂の採掘がさかんに行われ、砂採掘場の跡地があちらこちらに点在し、人工湖もその跡地に整備されてできたものである。瀋陽市の現在の都市区域は三環路以内と指定されているが、以前は二環路までを市内と称した経緯もあり、T村が所在する地域は古くから近郊農村であった[*3]（図4-1）。

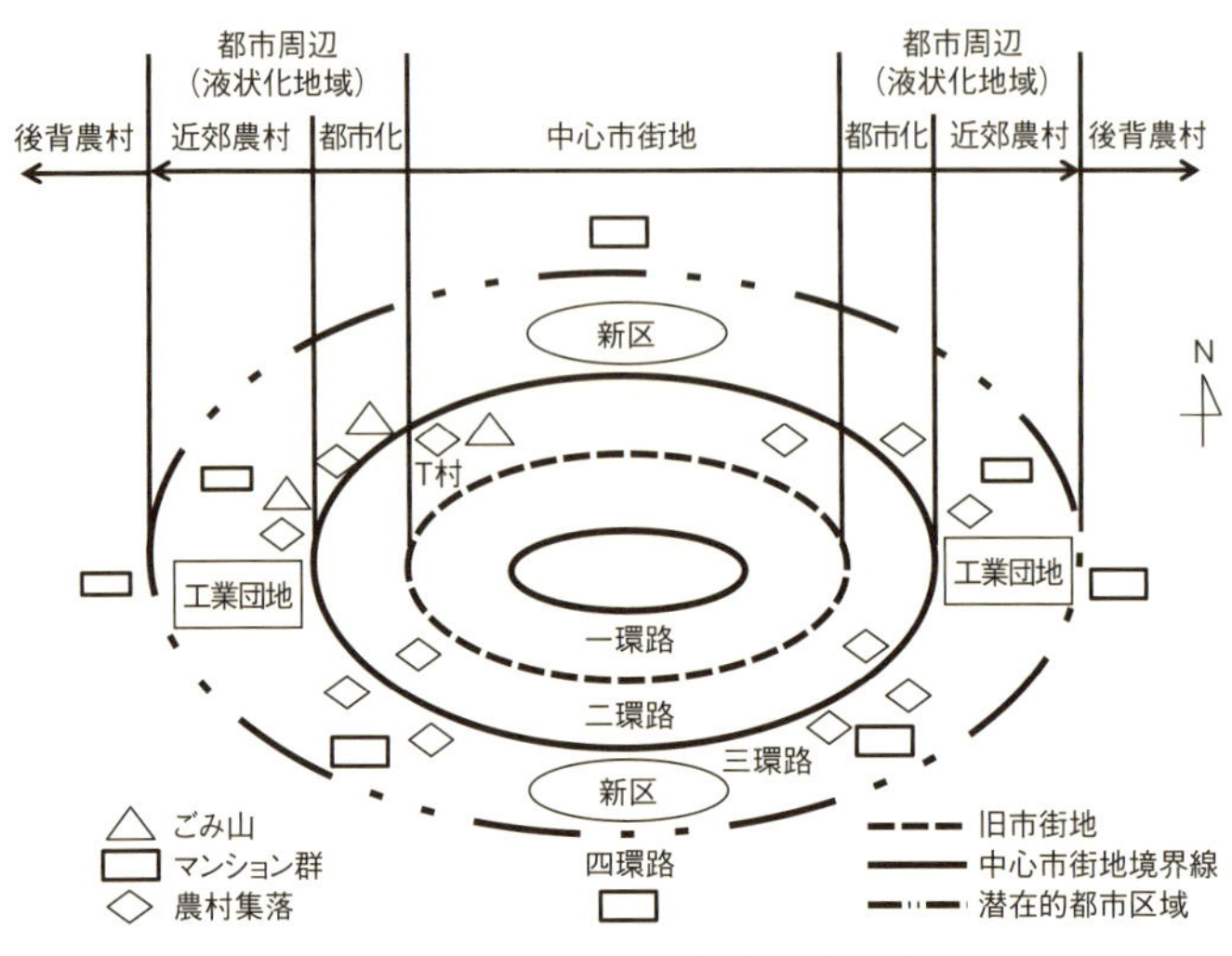

図4-1　瀋陽市都市区域のイメージと調査地の位置（筆者作成）

二〇〇九年の都市開発計画によって、T村の東側に隣接する三つの村の住宅地と農地が政府と不動産業者によって徴用され、補償金を受け取った住民は他地域に分散移住している。三つの村の住居は、不動産業者によってすべて解体され荒野の様相を呈しているが、建設工事は部分的にしか着工されておらず、いまなお全体的な都市開発の見通しはたっていない。T村も都市開発計画の区域内に位置するが、土地徴用の動きはまだみられない。後ほど詳しく紹介するが、T村の東側の砂採掘場にはサッカーグラウンド四つ分ほどの広さのごみ山がある。[*4]

T村の土地徴用が遅れたのには理由があった。二〇〇七年から開発計画が公布されて以来、隣接する三つの村の村民と不動産業者、鎮政府

写真4-1　T村の廃品集積場
(2013年3月22日筆者撮影)

の間で土地徴用の補償額をめぐって激しい争いが繰り返されてきたからだ。村幹部と鎮政府の圧力で八〇％の村民は土地徴用の契約書にサインをしたが、残りの二〇％は拒否し続けていた。ところが、村民の全員が土地徴用に同意していないにもかかわらず、二〇〇九年一一月に鎮政府は住居の強制撤去に踏み切った。村民は警察や鎮政府に必死に抵抗したが、武力によって排除され住居を守ることができなかった。その後、住居を失った村民たちは、鎮政府を相手に訴訟を起こした。二〇一〇年一二月三〇日に、裁判所は鎮政府の土地徴収が「土地管理法」に抵触するとの判決を下し、村民の訴えを全面的に認めたのである。それは、遼寧省において、政府の農村土地の強制徴収が違法であることを認めた初めての裁判であった。この画期的な判決がT村の土地徴用に及ぼした影響はとても大きなものであったといえる。

T村の人口構成は外部からの出稼ぎ労働者が大きな割合を占めており、再生資源の回収、加工、転売などを生業とする人々が圧倒的に多いことから、ごみ村と呼ばれている。住居の庭や道路脇にはさまざまな廃品が山積みにされ、規模の大きな廃品集積場だけでも三〇カ所にのぼる。これらの集積場で扱われている廃品は、主にプラスチック、ビン、缶、衣類品などである。そこでは、ごみ拾いをする「拾荒人」も多く暮らしている。住居の周辺にはごみの選別過程で残された不用品と生活ごみが無造作に捨てられ、生活空間を取り巻く環境はきわめて劣悪である。さらに、この地域には上下水道が完全に整備されておらず、雨が降ると道路が冠水し、雨水とごみが一体となって車や人の通行すらままならない状態になる。

次節では、T村のごみ山を調査地として選んだ経緯と、ごみ山と生きる「拾荒人」の日常の生活実践について、フィールドワークの経緯をたどりながら記していきたい。

3　生活の基盤としてのごみ山

中国のごみ問題を研究し始めた当初[*5]、筆者の主な問題関心は都市部の廃棄物処理、資源リサイクル、および農村における廃棄物処理などであった。当初からごみ山と「拾荒人」の存在を知りつつも、都市部と農村のごみ問題の実態調査に専念していた。しかし、現地での調査研究が深化するにつれ、中国のごみ問題をより正確に理解するには、ごみ山と「拾荒人」を研究の範疇に入れる必要性を痛感することになった。

一方、ごみ山と「拾荒人」の問題への関心が高まりつつも、いったいどこでどのようにその調査を始めるべきなのか、その糸口を掴めないままでいた。二〇一一年三月に、現地調査に協力してもらうためにL氏を訪ねた[*6]。限られた調査期間でより効果的な成果を得るために、回収業界で人脈の広いL氏からごみ山と「拾荒人」に関する情報を引き出そうと考えたからである。来意を説明した際、彼は不思議そうな顔で筆者を見つめながら次のように答えた。

ごみ山ならいっぱいあるけど、そこに行って何するの？　そんなところは汚いから、あなたみたいな都会人は行かないほうがいいよ。外環（三環路）まで行けば簡単に見つかるけど……。新興住宅の周辺や立ち退きの跡地、「外地人」[*7]が多く住んでいる地域に多いね。夏なら匂いですぐわかるけど、今はカラスだね。そこでは「拾荒人」も多いよ。[*8]

筆者はそれまでごみ山と「拾荒人」について耳にはしていたが、実際に現場を訪ねた経験はなく、見つけるのもそう簡単ではないと考えていた。L氏の言葉に多少の疑いもあったが、その真偽を確かめるべく、いったんごみ山探しに専念することに決めたのである。当然ながら、その頃に彼が話したごみ山の所在やその空間配置に含まれる深い意味を知る余地もなかった。

「拾荒人」との遭遇

L氏から話を聞いた翌日、ごみ山の所在を確かめるために、北部の三環路を目指した。新興住宅群を見つけるために、幹線道路ではなく川沿いにそって進み、少し寄り道をした。冬の嵐は過ぎ去り、間もなく春に向かう季節だったので、積雪がとけ始め、川沿いのあちらこちらには大きなごみの塊が露出していた。目的のごみ山ほどではないが、思わずその光景を写真に収めた。

その後、四〇分ほど走ると二環路のすぐ手前で空を飛ぶカラスの大群を発見した。まさか二環路の内側にもごみ山があるのかと驚きつつ、その場所に少し立ち寄ることにした。高層マンション群を抜けると、異様な光景が目の前に現れた。そこには低くて古い平屋が数十軒ほど立ち並んでおり、狭い庭先には梱包されている廃品が山積みになっていた。カラスが飛び交う場所に向かうと、眼前に現れたのはまさしく筆者が探しているごみ山であった。サッカーグラウンド一面ほどの土地に高さ七〜八メートルぐらいの色とりどりのごみが積み重ねられ、L氏の言葉のとおり簡単にごみ山を見つけることができた。

物の燃える匂いに生ごみの酸っぱい匂いも混ざり、思わず片手で鼻を塞ぎながらごみ山の上を歩いた。無言のままごみのなかから廃品を集めるほこりまみれの十数人の「拾荒人」の姿を目にし、声をかけることにした。それは、この場所に捨てられたごみがどこから運び込まれてきたのかを確かめるためであった。ところが、「よそ者」である筆者に、「拾荒人」は何かをおそれているかのように返答を避けた。とにかく目の前の光景だけは記録しないといけないと考え、カメラを取り出し写真を撮り始めた。すると、一人の中年男性の「拾荒人」からなまりのある標準語で話をかけられた。

あなたは新聞記者なの？　写真を撮って新聞で晒すつもりなのか？　向こうにもっと大きいごみ山があるから、そこに行きなさい。[*9]

どうやら一眼レフカメラを持っている筆者を新聞記者だと勘違いしたようだった。すぐに学術研究のための調査だと目的を告げたが、にわかには信じてくれる様子もなく、冷ややかな態度を示していた。これ以上説明しても埒が明かないと判断し、彼が言う「向こう」の具体的な場所を聞き出そうとした。筆者の問いかけに対し、顔も上げずに「一路向北」（わき目も振らずに北に向かう）という一言だけを発し、会話は打ち切られた。カメラを取り出したことを幾分後悔したが、いったんこの場所から離れ、後日あらためて訪れることにした。

漠然とした情報に多少不安はあったが、ひたすら北方向を目指すうちに、知らぬ間に三環路の手前までたどり着いた。L氏のアドバイスどおり大きいごみ山を簡単に発見することができた。巨大なごみ山、そして黙々とごみのなかから資源物を探る四十数人の「拾荒人」を目の当たりにして、筆者は完全に言葉を失ってしまった。この場所こそが目的地のT村のごみ山であった。こうしていくつかの偶然が重なってT村にたどり着いたが、その後もこの場所を中心に聞き取り調査を継続的に行ってきた。そして、T村のごみ山だけではなく、三環路の内外における大小十数個のごみ山を歩き回り、多くの「拾荒人」と出会うこともできた。この節であえてこのエピソードを紹介したのは、過疎地でもない都市周辺においてごみ山、そして「拾荒人」がどれほど遍在しているのか、その実態を示すためである。

生活の場——ごみ村

ここでもう一度調査地全体に視点をおき直し、T村の空間構造と「拾荒人」の日常の生活実践について詳しくみてみよう。都心から約一五キロ離れているT村は、都市的要素と農村的要素が混在している地域である。驚異的なスピードで拡張する都市空間は、近接する農村部を次々と飲み込み、長らく維持してきた都市と農村の境界を揺るがしている。地理的に都心からほど遠くないT村では、家屋の多くが貸し出され、住民のほとんどが村を離れて別の地域で暮らしている。賃貸料金は都心と比べて比較的に安価なので、農村からの出稼ぎ労働者に好まれ人口流動が激しい。また、T村には数軒の小規模の部品加工工場（ゴム製品）があり、農村からの出稼ぎ労働者の雇用も生み出している。

しかし、けっして良い住環境ではないので、出稼ぎ労働者のなかでもとくに回収業に従事している人々が多い。「拾荒人」や「回収人」をはじめ、彼らから廃品を買い取り転売する人、そして小規模の工場まで持っていき廃品の一次粉砕を行う人など、住人の構成は非常に複雑である。同じ廃品を扱っているにもかかわらず、回収業のなかでも階層分化が広がっており、収入が少ない「拾荒人」がその最底辺にいる。

T村に在住している「拾荒人」の構成もかなり複雑で、単身で「拾荒」（ごみ拾い）をする人、夫婦で「拾荒」をする人、同居親族は別の職をもち一人だけ「拾荒」をする人、などさまざまであり、およそ四、五〇世帯が暮らしている。*10 主に山東省と河北省出身者がほとんどで、家賃が安く狭い家を借り、近くのごみ山や建築現場の周辺で廃品を集め、わずかな収入で生計をたてている。都市では就労機会が限られているうえに、「拾荒人」の多くは学歴が低く、特別な技能をもたないので、安定した仕事を見つけることは難しい。また、住居すら借りることができず、ごみ山周辺の廃墟で身を潜めたり、ごみ山の隅に廃材を組み立てて作った簡易小屋で生活したりする「拾荒人」もけっして少なくはない。

「拾荒人」の一日はごみ拾いから始まり、ごみの分別で終わる。ごみ山には一日二トントラック五〇台分ほどの生活ごみ（建築廃材も交じっている）が搬入されており、分別されていないごみが積み上げられ、巨大な山を形成している。ごみが集中的に搬入されるのが早朝であるため、「拾荒人」の仕事の始まりも早い。ごみがおろされるたびに、決まった「拾荒人」グループがごみのなかから瓶、缶、ペットボトル、鉄屑、新聞紙、布類などを一斉に掘り出す。ごみはいったん大きなビニール袋に集められ、その後別の場所で種類ごとに分別されるのだ。ビニール袋が満杯になると、隣の空き地まで運び、ごみをおろしてから作業を続ける。仕事の道具にも特徴がある。「二歯鈎」（二本の歯の備中鍬）に大きなスピーカー用磁石が取り付けられ、ごみのなかの鉄屑を簡単に吸い取り、仕事の効率を上げている。一人あたりの一日の稼ぎは多くて一〇〇元ぐらい、平均にして四、五〇元ぐらいだという。

ごみ山には基本的に誰でも入って廃品を集めることが可能であるが、運搬車が到着した直後には限られた「拾荒人」グループしか近づくことができない。このごみ山には二つのグループが存在しており、その関係性とごみ山における廃品収集をめぐる権力構造については次節であらためてふれることにする。

「拾荒人」の収入はけっして多いとはいえないが、調査では現状に満足していると答えた人もいた。その人物は片手が不自由なため、都会では仕事がなかなか見つからず、同郷人の紹介でT村に来るようになった。「拾荒」ということは見栄えも悪く、体力も使うが、何よりも他人に頼らず自力で生活

写真4-2　T村のごみ山
(2012年2月19日筆者撮影)

写真4-3　T村の「拾荒人」の住居
(2012年2月17日筆者撮影)

写真4-4　ごみ山での「拾荒人」の住居
(2013年3月22日筆者撮影)

することができるからだ。

4　ごみ山は誰のものか

一様ではない「拾荒人」

ごみ山は砂が掘り出された跡地にできているが、隣接の場所ではまだ砂採掘が続けられている。この一帯の土地はT村の所有地ではあるが、土地の開発権限が長年にわたって企業に譲渡されている。T村は毎年一定金額の使用料を受け取っており、企業の生産活動にはまったく干渉しない。砂を掘り続けるうちに、地中に巨大な穴ができ、雨水と地下水によって小さい湖ができてしまった。この跡地が砂の採掘を行っている企業とごみ運搬業者との間で交わされた金銭的やり取りによってごみ山に変身したのである。

ごみ山の利用は基本的に「拾荒人」の誰に対してもオープンではあるが、「拾荒」をするにはその場所のルールがある。ごみ山の中腹では常時三十数人が働いているが、周辺で「拾荒」をする人も少なくない。彼らは運搬車からおろされたごみには、けっして近づかない。その理由は、ごみ山には山東省からの「拾荒人」グループ（以下、Aグループとする）と地元住民の「拾荒人」グループ（以下、

Ｂグループとする）がすでに存在していたからである。山東省出身の農民であるＡグループは約三〇人である。一時的に都会で職が見つかったり、逆に一時雇用が切られたりすることによってその構成数は変動する。これに対しＢグループは比較的構成メンバーの出入りが少なく、男性五人と女性二人（このうち男性二人と女性二人は夫婦関係）の地元住民によって形成されている。男性五人はかつて市内の異なる国営企業に勤務していたが、二〇〇〇年頃からの大規模企業の民営化によって失業した。その後、民間企業での勤めを転々としてきたが、安定した職業には就けずに「拾荒」をすることを余儀なくされた。

両グループはそれぞれ決まった区域でごみ運搬車が来るのを待ち、おろされたごみから廃品を探し出す。しかし同じ「拾荒人」でありながらも、両グループは互いにほとんど交流がない。それは過去にごみ山の管理者との交渉において、出身地を理由にした差別があったからであるという。

ＡグループのＺ氏[*11]の話によれば、この場所にごみが搬入され始めたのは二〇〇九年頃からである。Ｚ氏は、以前は別のごみ山で活動していたが、搬入されるごみの量を見据えて、メンバーとともに現在の場所に移動してきた。当初は、ごみ山への出入りに対し、採掘場の責任者からも村からも制限されることはなかった。しかし、一カ月も経たないうちに、突如採掘場の管理者（オーナーではない）から敷地内への出入り禁止が言い渡された。敷地内のごみも採掘場が所有する「財産」であるため、勝手に持ち出せないという言い分であった。管理者の言うところの「財産」は、通常であればただ地中に埋めるだけの何の付加価値もないごみである。長年、「拾荒」をすることで生きてきたZ氏は当然その意味するところを知っていた。彼らの所有「財産」であるごみ山への出入りは、要するに、金銭さえ渡せば許可されるのである。その交渉の際、金銭を受け取るのが「誰」なのかが重要だとZ氏はいう。交渉の場では、渡す金額がいくらであるかよりも、このごみ山で「拾荒」することが保障されるのかどうかを、まず確認しておく必要があるのだ。以前にも同様の状況に直面したことがあり、すでにお金を渡したにもかかわらず、また別の人から金銭を要求されたことがあったからである。結果的に、Aグループは管理者に毎月三〇〇〇元を手渡すことでごみ山への出入りと作業が保障されることになったという。

一方、二〇一〇年頃にBグループがごみ山に入ってきた際には、管理者は金銭要求もせず、排除もしなかった。そのことにZ氏は不満を抱き、管理者に理由を問い詰めたが、「Bグループは人数も少なく、同じく職もないかわいそうな人たちだから同情してほしい」という管理者の説明に唖然とした。Z氏は、「それなら我々も同情してほしい」と思いながらも、けっして口には出せなかったという。なぜなら、「外地人」に対する差別的態度は日常的であり、他郷で生き抜くためには、できるだけ地元民との衝突を回避する必要があったからである。

両グループのごみ山での活動場所は、とくに話し合いがあったわけではないが、自然に境界づけられていったという。運搬車からおろされたごみをめぐってたびたび口論などはあったが、大きなトラブルまでには発展しなかった。しかし、このようなグループは、どちらのグループにも属さない「拾荒人」にとっては脅威であり、越えられない壁である。

T村にはごみ山のグループに属しない「拾荒人」も数多く存在している。T村で出会ったW氏（一九五五年生まれ）のことを取り上げてみよう。W氏はもともと河北省の農村で暮らしていたが、村の一人当たりの農地はわずか平均〇・七畝（約六・六七アール）しかなく、貧しい生活を送ってきた。一九九〇年代ごろ、商品経済が農村へ浸透し、徐々に農業だけでは生活の維持が難しくなった。一九九八年ごろから、W氏は妻と一人息子を農村に残し、同郷人と一緒に都会へ出向き、建設の工事現場で働き始めるようになった。それから七年間も各地の工事現場を転々とし、必死に働きながら定期的に家族に仕送りを続けた。コツコツと貯めたお金で、農村に家を新築し、あと数年働いてから帰郷する予定であった。ところが、成人したばかりの息子が突然の難病で倒れ、生活の状況は一変した。息子の病気を治すために、親戚や友人から多額の借金を背負い、最後は家も農地も手放さざるをえなくなった。息子の一命は取りとめたものの、重い後遺症が残り、両足で立ち上がることができなくなってしまった。家も農地も失った一家は、農村を離れることを余儀なくされた。しばらくの間は工事現

写真4-5　金属探知機を使う「拾荒人」(2014年2月17日筆者撮影)

場での仕事を続けてきたが、年を取るにつれ体力が衰え、雇ってくれるところもなくなってしまった。それから、二〇〇七年にT村に住居を借り、「拾荒人」として生きるようになった。T村の「拾荒人」グループの成員ではないW氏は、妻とともにごみ山の周辺や立ち退きを迫られた村の跡地などで廃品を集めてきた。しかし、収集できる廃品の量が限られており、収入はきわめて少なかった。二〇一〇年に知り合いの同郷人から中古の金属探知機を購入してからは、ごみのなかから効率よく金属を探し出すことができ、廃品の収集量が増えるようになったという。

　このように、同じ「拾荒人」でありながらも、「拾荒人」となった経緯とごみ山との接し方は千差万別で、彼/彼女らは効率よく廃品を集めるためにさまざまな工夫を凝らしている。こうした「拾荒人」の生存、生活は、ごみ山によって支えられており、その意味でごみ山は「拾荒人」にとっての生活の基盤ともいえる。一般社会で完全に無価値なものとみなされ、処理する目的で廃棄されたごみは、場所や所有者（採掘場、管理者、「拾荒人」）が変わることによって新たな価値が付与される。そして、後述するように都市部から郊外へのごみの空間移動と都市―農村の空間配置のせめぎあいによってさまざまな利権構造が生じるようにもなる。

不安定を生き抜く

「拾荒人」は資源リサイクルの最前線で活動しているが、その生活は常に不安定なものである。ごみ山の周辺で活動する個人の「拾荒人」は言うまでもなく、グループで活動している「拾荒人」さえも外的要因（とくに政策、行政管理）に影響されやすいのである。本項では、「拾荒人」の語りから、外的要因に翻弄されながらも「拾荒」をし続ける（せざるをえない）理由を探ってみたい。

仕事上の苦労について尋ねるとき、多くの「拾荒人」は「運動」に言及する。彼／彼女らのいう「運動」とは、政府や行政が主導する廃棄物処理に関する社会的活動や取り締まりのことを指す。ごみ山やごみ村の取り締まりが強化される「運動」のたびに、「拾荒人」の生活は脅かされる。Ａグループはその影響を度々受けて、当初の活動場所であった市街地から、現在の場所まで追いやられたのである。ごみ山、ごみ村の撤去というスローガンのもとで展開された、「拾荒人」への差別と排除は想像を絶するものであったという。「運動」時の自らの境遇を「過街老鼠[*12]」のようだと、「拾荒人」がたとえたことからも、その時の悲惨な状況がうかがえる。

過去の一連の新聞記事（地元紙である「辽沈晩报」「沈阳晩报」「华商晨报」）からみて取れる瀋陽市の「運動」の経緯は表の通りである（表4-1）。

瀋陽市では、二〇〇三年、SARSの撲滅を目的としたごみ山の撤去から二〇一三年までの間、継続的にごみ山と「拾荒人」への取り締まりを強化してきた。とくに、二〇〇六年に改正された「瀋陽市都市廃棄物管理規定」では、許可なしに市街地で廃品を回収したり拾ったりすることに対する罰則が明記され、多くの「拾荒人」が都市周辺に追い出されるようになった。Aグループもその時期に郊外に移住し、ごみ山で廃品を集め始めたのである。「運動」が実施された時には、行政機関によって集めた廃品が没収されたり、罰金が科されたりする場合もある。しかし、Aグループのメンバーは住居の変更を頻繁に行い、「拾荒」することをやめなかった。新しい職を見つけるすべもなく、いままでの生活を維持するためには、「拾荒」を続ける以外の選択肢はなかったからである。一方、同じくごみ山を転々としながら「拾荒」をするBグループも「運動」の影響を受けたが、地元住民であったため大きな被害はなかった。

表4-1　ごみ山、「拾荒人」をめぐる管理強化と背景

年／月	対象地域	背景と内容
2003年5月	三環路以内	SARSの撲滅のため、すべてのごみ山を撤去
2003年6月	二環路以内	「瀋陽市都市廃棄物管理規定」により、市街地での「拾荒」を禁止
2004年5月	二環路から三環路	「国家衛生都市の建設」により、ごみ山を撤去
2006年4月	三環路以内	「瀋陽市都市廃棄物管理規定」の改定により、市街地での「拾荒」に対して罰則
2006年9月	二環路から三環路	特別取り締まり活動により、ごみの不法投棄の管理を強化
2007年3月	二環路から三環路	環境衛生の都市化管理を三環路まで拡張
2008年3月	三環路以内	2008年北京オリンピックの開催に伴い、ごみ山、建築廃棄物を撤去
2009年5月	二環路から三環路	環境衛生の特別取り締まり活動により、ごみ山を撤去
2010年5月	二環路から三環路	特別取り締まり活動により、ごみ山、ごみ村を撤去、400軒の廃品回収場を撤去
2011年2月	三環路以内	環境保全の集中整備により、容器包装類のごみを中心に、ごみ山を撤去
2011年5月	二環路の沿路	全民清潔日のため、ごみ山を撤去
2012年1月	三環路以内	「瀋陽市再生資源回収利用管理条例」の施行により、三環路以内の屋外廃品回収場を全面禁止
2012年6月	二環路の西地区	新聞の取材と報道により、ごみ山を撤去
2013年3月	三環路以内	新聞の取材と報道により、53カ所のごみ山を撤去

出所：2003～2013年までの新聞記事より筆者作成。

写真4-6　山東省出身の「拾荒人」
(2012年2月19日筆者撮影)

写真4-7　「拾荒人」の運搬道具
(2012年2月19日筆者撮影)

「俺の人生はごみのようで、ごみは俺の生活だ」。Aグループに属する年配の人物の語りは、自らの人生の軌跡を否定しつつも、けっして生きることを諦めない「拾荒人」の強い意志がうかがえる。彼／彼女らにとって「拾荒」は、我々の想像をはるかに超える、生活世界を再構築する引き換えのできない行為であるのだ。

ごみ山があるかぎり、「拾荒人」は活動し続ける。度重なる「運動」で一時的にはごみ山の数が減ったとしても、ごみ山はまるで生き物のように間もなく復活し、「拾荒人」の活動の余地が生まれる。表4-1の年表からもわかるように、「運動」が継続的に行われてきたにもかかわらず、ごみ山は繰り返し形成されるからである。

ではごみ山はなぜなくならないのだろうか。次節では都市と農村の空間配置と住民の組織形態に注目しながら、T村のごみ山の形成要因を分析し、廃棄物管理に伴うジレンマを明らかにする。

5　ごみの空間配置

液状化した境界

瀋陽市において、一九九〇年代初期まで二環路は都市と農村を区分する代名詞とでもいうべきものであった。都市─農村の「二元的社会構造」のもとで、二環路の外側と内側では戸籍、住民自治組織、さらに土地所有の形態までもが異なっていた。

二環路の外側に位置するT村も、かつては住民自治組織である村民委員会を有し、土地は集団所有で住民の身分も「農村戸籍」であった。旧住民の売店経営者であるR氏との対談と行政機関の関連資料から、T村の状況をより具体的に捉えることができた。T村は住民の一人あたりの土地の所有面積は広くはないが、古くから野菜栽培がさかんに行われてきた地域である。都市近郊という地理的に有利な条件を利用し、収穫した野菜を都市住民に販売することによって生活を維持してきた。しかし、一九九〇年代の後半から市内で仕事をする人が増えると農業離れが進み、農家は激減した。二〇〇五年に市政府が五年以内に三環路までの農村を都市区域に編入する計画案を公表したのを機に、T村では空前の建設ラッシュを迎え、土地には簡易住宅が次々と建てられるようになった。都市区域に編入され開発に伴う土地徴用が実施されれば、その際により多額の補償金を得ることができるからである。だが、周辺地域では続々と開発計画が実施に移されているものの、T村の土地徴用だけは後回しにされてきた。そのため、住民は現金収入を得るために、大量に建てられたこれらの簡易住宅を部外者に安い値段で貸し出しているのだ。

二〇〇〇年初め頃から、瀋陽市では二環路と三環路の中間地帯に集合住宅の建設が進められてきたが、地域によっては都市開発の温度差がみられる。土地利用がなされていない地域を残したまま、地価がより安い三環路外側の農村での開発が進められ、T村のように取り残された地域、いわゆる「城中村」（都市のなかの村）が数多く生み出された。都市開発を行う時に、農村の土地を建設用地に振り替えるためによく採られる手法は、行政村全体で実行する「村改居」である。それは、「農村の行政村を都市の社区に変更し、あわせて村民委員会を住民委員会に改組すること」（田中 二〇一一：八二）によって、農村の土地所有の形態が集団所有から国有に変更し建設用地としての使用を可能にするというものだ。T村の組織形態も都市開発の計画が発表される前の段階において、すでに変化が始まっていた。二〇〇二年に、T村は「社区」に統合され、上級の郷政府も「街道弁事処」に改編されたのだ。それ故、今は「村」という名称はそのまま残しているものの、自治組織である「村民委員会」の活動はほぼ停滞している。しかし、集団所有の土地分配と補償などの問題がまだ残されており、「村民委員会」と「社区」が併存する形となった。このように都市開発を円滑に行うためには、行政と住民組織の再編が優先されるが、完全に移行するまでには二重行政、管理責任の不明確という問題が付随する。

こうした背景を踏まえたうえで、もう一度ごみ山の問題に立ち返ってみよう。住民はごみ山をどのように捉え、なぜ積極的に排除しようともしないのか。T村で売店を経営するR氏と彼の知人三人にその理由を聞いた。当然のことであるが、長年にわたって悪臭やほこりに悩まされてきた住民はごみ山に好感をもっていなかった。また、村中に点在する廃品回収場や粉砕工房、大勢の「拾荒人」の存在にも不満があった。住民は「村民委員会」にごみ山問題の解決を求めたこともあるが、「社区」に報告し対策を考えると返答しただけで、何の対応も取らなかった。村を離れた住民はごみ山にまったく無関心で、在住の住民も家屋の多くを回収業者に貸し出しているため、ごみ山の排除には積極的ではなかった。それによって住民が連携して行動できず、反対の声も自然消滅してしまったのだ。R氏の知人は当時の心境を次のように語ってくれた。

一〇年も経っていないのにこの村はめちゃくちゃになった。昔はささいなことであっても声をかければみんな集まってきた。その時であれば採掘場も我々の同意を得ずに、ごみの搬入を勝手に決められないだろう。今はみんながばらばらになって、お金のことしか考えていないね。いずれこの村はなくなるから、どうでもいいと思っているかもしれないね。[*13]

一見、ノスタルジックに響くこの語りからは、昔のような住民間の強い連携が保たれてさえいれば、T村にはごみ山が簡単に形成できなかったということがうかがえる。

このように近年の都市開発は、周辺の農村部を次々と飲み込み、村の形態や住民組織を著しく変容させ、地域住民の共同体までも弱体化させた。こうして、脆弱化した住民の連携の間隙をついて、都市と農村の間の液状化した境界にごみ山が次々と堆積してくるのである。

構造化された「適性処理」

さて、ここまでの議論から、もう一つの本質的な疑問が残る。いったい、ごみ山のごみはどこから搬入され、なぜ政府認定の処分場まで搬送されないのかである。一般的には、都市部のごみが一方的に運び込まれたと捉えられるが、実際はそれほど単純ではない。ごみ運搬車の運転手によれば、T村のごみ山の発生源は近隣の新興マンションで、自身は会社の指示に従って、定められたところに搬送するだけだという。運転手が指す新興マンションは、都市区域に編入されたかつての近郊農村と都市区域に属さない農村に分散している。つまり、ごみの発生元は三環路の内側と外側の特定地域に限られているのだ。T村のような都市周辺にごみが大量に搬入される要因について、瀋陽市のごみ行政と廃棄物処理の状況を確認しながら整理してみよう。

中国では、「二元的社会構造」のもとでごみ行政も都市と農村に二分化され、廃棄物処理に関する責任主体もそれぞれ異なる。都市部の廃棄物処理は基本的に都市建設管理局が全面的に責任を負うが、農村部の廃棄物処理は権限を委譲された地方政府（鎮、郷）が責任を負っている。往々にして、都市周辺では責任主体が不在で、二重構造の問題を孕んでおり、廃棄物処理の怠慢が起こりやすい。瀋陽市の都市中心部（三環路までの一部の地域も含む）のごみは、都市建設管理局が所管する環境衛生管理部門（処、所）が収集し、公認の処分場まで搬送されている。しかし、新たに都市区域に編入された地域（二環路から三環路まで）におけるごみの収集・搬送については、民間会社に委託されている場合が多い。民間会社が新興マンションの管理会社とごみ搬送の契約を結ぶ際には、環境衛生管理部門への収集元と搬送先の登録が義務付けられている。しかし、その規則を守らない業者がかなり多く存在しているのが実情である。さらに、民間会社によってはごみ運搬の仕事を個人に再委託してしまうケースもあり、行政による管理監督が及ばない現実もある。都市周辺へのごみの不法投棄は、これらの個人運搬業者によるものが多いといわれている。

しかし、都市周辺のごみ山のすべてが個人的行為によって形成されているわけではない。民間会社がT村のような企業あるいは村組織と契約を結び、ごみを投棄するケースも少なくない。こうした現状について環境衛生管理部門がまったく察知していないとは考えにくく、知っているにもかかわらず黙認しているものと推察される。それは、瀋陽市のごみ排出量と処分量を比べてみれば、より明確になる。二〇一二年度の瀋陽市の都市部における一日のごみ排出量は、およそ七〇一三トンに上り、一人あたりの排出量は約〇・九キロである。[*14] 注意すべきは、この数字には都市周辺部と農村部のごみ排出量が含まれておらず、それを合算すると瀋陽市のごみ排出量ははるかに多くなる点だ。

一方、二〇〇三年に稼働した南、北の二カ所のごみ処分場は、設計時の一日の処理能力がそれぞれ一五〇〇トンと二〇〇〇トンであり、合わせて三五〇〇トンである。環境衛生管理部門は二カ所の処分場で都市ごみを一〇〇％適正処理していると公表しているが、実在している数多くのごみ山からみれば、信憑性がかなり低い。仮に、それが真実だとしても毎日、設計能力の倍以上を超えるごみが処理されている計算となり、運用年数が限られている両処分場の残余容量もそろそろ限界に近づいていると考えられる。ごみを引き受ける新たな処分場の建設が未定であるという厳しい状況のなかで、増加を続ける一方のごみ排出量と処分場の残余容量の減少という現況に対処するため、市としては現有の処分場をできるかぎり使用していく必要がある。

その取り組みの一環として、二〇一〇年から瀋陽市では、ごみの分別収集を試験的に行ってきたが、施行は一部地域に限られているため、ごみ減量の効果はまだ現れておらず、ごみの総排出量は年々増加している。また、都市周辺に四つの処分場を新設する計画ももち上がっているが、資金不足から建設時期もいまだ不明であるため、短期的には処分場の過重負荷が軽減できない状態である。[*15] さらに、ごみ処分に対する財政負担の軽減と住民のごみ減量行動を促すために、一世帯あたり毎月六〜一二元の処分料を水道料金と一緒に徴収する「ごみ処分有料制」の導入が検討されている。[*16] しかし、徴収された処分料の使途が不透明であり、ごみ減量行動に逆効果を与えるという批判もあり、導入時期はまだ正式に決まっていない。

こうした問題が複合的に絡み合い、環境衛生管理部門は都市中心の人口密集地の廃棄物処理を優先し、民間業者の多少の違反行為を放任しているようにもみえる。しかし、ごみの空間配置はどこでも良いわけではなく、できるだけ都市域の外に遠心分離させる必要がある。一方、都市から排出されたごみが無制限に農村部に配置されることも非現実的である。なぜなら、農村部においては地方政府の管理監督もあり、ごみの搬入に抵抗する老人会や婦人会のような伝統的組織と住民間の連携がまだ生きているからである。このような要因から、環境衛生管理部門と地方政府のどちらからも管理が行きわたらない、住民間の連帯も分断された都市周辺において、ごみが「適性処理」（土地性・経済性）されているのである。こうして「適性処理」されたごみを「拾荒人」が再び「処理」（資源化）しているのである。

6　構造的欠陥の調整

本章は、瀋陽市の都市周辺に位置するごみ山におけるフィールド調査を通して、「拾荒人」の生活実践を具体的に描き出し、廃棄物管理に内包されている構造的矛盾を明らかにした。

これまでに取り上げた事例からもわかるように、空間の近代化によって、中国社会における従来の「空間的支配」(都市と農村)と「人的支配」(都市住民と農民)の構造はすでに崩れ始めており、都市—農村の境界はますます曖昧になりつつある。不均衡な都市空間の外延的拡張は、T村のような都市的要素と農村的要素が混在している「液状化地域」(二つの構造が重なる地域)を次々と生み出し、これまで維持されてきた空間的秩序を混乱させてしまった。こうした都市—農村の空間構造の変化は、都市周辺の住民の生活基盤を揺るがし、住民間の連帯を著しく弱体化させた。その結果、住民は迷惑施設であるごみ山の危険性や生活環境の悪化による被害を認識しつつも、反対運動を担う人的資源の確保ができなくなったのである。ごみの大量排出と処分場の残余容量の不足に加え、都市周辺の行政や住民組織が入れ子状態にあること、そして住民連帯の分断などが複合的に絡み合い、その帰結として、都市周辺にごみ山やごみ村が集中しやすくなったのである。このような問題を十分に認識せず、廃棄物処理の制度化や「運動」などに力を注いでも、根本的な問題解決には程遠いであろう。

一方、消費社会の舞台裏で都市周辺に無秩序なまま放置されたごみ山は、農村からの出稼ぎ労働者である「拾荒人」にとって資源であり、生活の支えでもある。自らその道を選んだかどうかにかかわらず、「拾荒人」は一般社会の底辺（周縁）で生きており、ごみ山を漁ることを一つの職業として確立してきた。再利用が可能で、販売に値する廃品を手に入れるため、「拾荒人」はごみ山を転々と移動しながら生活を営んでいる。

しかし、廃棄物処理の制度化において、ごみの「処理」に貢献してきた「拾荒人」は、真っ先に排除の対象となってしまった。生業の維持と経済利益の追求のために、「拾荒人」や「回収人」などがごみ山やごみ村で活動し続けてきたことは否定できない。ただ、仮に彼／彼女らの活動がなかった場合、大量の資源ごみは利用されずに地下に眠ったままであろう。そう考えれば、ごみの「処理」に携わる「拾荒人」や「回収人」などの活動は、廃棄物処理の秩序を維持するために、いわばシステムの「調整弁」としての役割を一定程度果たしており、これまでの廃棄物処理の欠陥を補ってきたともいえるだろう。ごみ山の解決は待ったなしの課題であるが、その見通しも立たないまま、しかもごみ山が実際に数多く存在しているにもかかわらず、ただたんに「拾荒人」や「回収人」の排除を優先する「構造的暴力」の行使は本末転倒であろう。

注

＊1　“Not In My Back Yard”の略で、「公共のために施設の建設は理解しているが、自分の裏庭には来ないで」と主張する住民たちの反応・態度を指す語。

＊2　地理的には都市と農村に隣接する地域。都市と農村社会の周縁部という特質から、移入者や異質文化を受け入れやすい地域である。本書では都市の行政境界線を中心に内周辺と外周辺の両方の意味が含まれている。

＊3　瀋陽市は二〇一三年に第四環状道路が開通され、今後は都市区域を第四環状道路まで拡張する計画である。

＊4　ごみ山の正式名称はないが、普段「砂場」(shāchǎng) と呼ばれている。なお、図4-1はあくまでもごみ山の所在地の地理的特徴を可視化するために用いている。実際にはT村周辺以外にもごみ山が数多く存在しているが、図では省いている。

＊5　二〇〇六年から中国の家電リサイクルの問題について調査研究を行ってきたが、生活ごみの問題について調査を始めたのは二〇一〇年の八月からである。

＊6　第三章ですでに述べたように、河北省出身のL氏は一つの「回収人」グループのリーダーである。彼は十数人の親せきや同郷人を瀋陽市に呼び寄せ、長年にわたって再生資源の回収業を行ってきた。

＊7　よその土地から来た人々のことを指す言葉であるが、主に農村からの出稼ぎ労働者を指す場合が多い。

＊8　二〇一一年三月六日、L氏への聞き取り調査による。

＊9　二〇一一年三月七日、「拾荒人」への聞き取り調査による。

＊10　「拾荒人」は一カ所に常駐せず、流動性が非常に高いので、正確な数字は不明である。

＊11　Aグループのリーダー役である山東省出身のZ氏は、瀋陽で一〇年以上ごみ拾いをして生活してきた。

＊12　皆に嫌われる者、恨みの的。

＊13　二〇一三年二月二〇日、R氏の知人への聞き取り調査による。

＊14　「沈阳日产垃圾七〇一三吨一〇〇%无害化处理」、沈阳晚报、二〇一三年七月二〇日。

＊15　「沈阳四座垃圾场因缺资金仍未建」、华商晨报、二〇一三年八月二三日。

＊16　「沈阳生活垃圾处理费或与水费捆绑收」、辽沈晚报、二〇一二年二月一七日。「沈阳将适时对生活垃圾处理收费」、辽沈晚报、二〇一四年四月二五日。

第五章　空間の移動と「生活の場」の創造

本書ではこれまで、農村部、都市部、都市周辺の廃棄物処理の実態をみながら、政府が推し進める廃棄物処理の制度化と実態にさまざまなズレが生じていることを確認した。こうした制度と実態のズレの社会的要因は、廃棄物処理における「政策論」と「生活論」の乖離にほかならない。都市住民の「環境的正義」論を基軸にした廃棄物処理の政策形成は、制度設計の段階からすでに周縁を生きる人々――農民、「回収人」、「拾荒人」――の「生活論」を無視／除外してきた。農村で住み続ける農民にとって、土地所有権や伝統組織に依拠しながら、廃棄物処理の権力空間へ対抗することはある程度可能である。それに対し、都市社会での「回収人」「拾荒人」は、農村で可能であったような社会的資源としての権利を剥奪されているがゆえに、直接的に異議申し立てすることができない。では、都市社会において、「回収人」「拾荒人」はどのようにして社会的差別と廃棄物処理の権力空間の圧力に耐えながら、廃品との関わりを保ち続けることができたのだろうか。

本章では、「回収人」「拾荒人」が廃棄物管理の権力に「抵抗」する場所をどのように創造したのかを検証し、彼／彼女らの生きる場に埋め込まれた「生活論」をときほぐしていく。

1　移動民のコミュニティ

農村出身者が、なぜ地元を離れ、見知らぬ都市にまで移動し、廃品とかかわるようになったのだろうか。その内実を知るためには、まず中国社会の人口移動の歴史と軌跡を振り返る必要がある。

すでに述べたように、中国社会では「戸籍制度」をもとに、都市―農村の「二元的社会構造」を形成し、市民を「農業人口」と「非農業人口」とに二分した。そのうえで、「農業人口」の都市部への移動を厳しく制限してきたのである。計画経済体制の一環として導入されてきたこの「戸籍制度」は、戸籍登録にもとづき、計画的に生活必需品を配給し、計画的に人員を募集し、計画的に戸籍移動を実行することを目的とした制度であった（谷口・朱・胡 二〇〇九：三五―三六）。たとえば、一九六六年からおよそ一〇年間にわたって都市住民を農村に送り込んできた「上山下郷運動」は、国家による人口管理政策の一例である。当時、都市の知識青年・復員軍人は生産建設団や農場へ大規模に移動させられたが、その「移動を規定する主因は経済格差ではなく、指導者の政治的判断であった」（厳 二〇〇九：一一）。

「戸籍制度」は、社会主義経済という特殊な歴史的背景のもとに形成された制度であり、市場の商品が不足し、十分な供給ができないという現実に対処することを目的としていた。この政策は、農村をあくまでも都市の付属的な存在として位置づけ、農民を農村に縛り付けることによって、農民が生産した農産品を都市住民に低価格で提供することを可能にした。農村は、完全に経済発展の枠組みの外部へと押しやられ、その結果として都市との間に福祉・医療・教育など大きな待遇の違いを生じさせることとなった。このように、「戸籍制度」にもとづく都市住民と農民という身分化は、とくに農民の移動の自由を固く阻止し、農民の抑圧と差別を正当化してきたのである。

ただし人口移動を阻害する「壁」である「戸籍制度」は、一九七八年の改革開放政策の導入で大きな転期を迎えるにいたる。改革開放政策の導入以後、農村経済体制改革の進行と「生産請負制」の実施に伴い、農村の余剰労働力の存在が顕在化してきた。さらに、沿海地域と都市部の経済発展による労働力需要が高まり、人口移動の制限が若干緩和され、農村労働力の都市への移動が可能となった。その初期においては、戸籍を農村に残したまま、農閑期だけ都市へ出稼ぎに向かう農民が多かったが、その後より流動的に働く者や長期の都市労働者が増えるようになっていく。当時の出稼ぎ労働者は「流民」(流動する民)、「盲流」(盲目な流動)などと蔑視され、生活習慣や所得水準などの違いから差別を受けてきた。一九九二年春、鄧小平の「南巡講話」をきっかけに、沿海地域と都市部の経済改革がさらに加速し、農村から都市への出稼ぎ労働者の移動が爆発的に増加した。出稼ぎ労働者は新たに「農民工」と呼称され、都市の経済発展の重要な役割を担う存在となった。高収入を求めて流入した「農民工」は、不平等で差別的な身分から、都市住民と同様の生活様式と平等な生存権を望み「壁」を越える存在へと変わってきたのである（王 二〇〇四：二〇八）。

ただし地元での農業生産より高収入を期待できるとしても、「農民工」のほとんどは都市住民が忌避する「3K」労働に従事する場合が多く、とりわけ豊かな都市部では新たな貧困層という存在にすぎない。また、農村から絶えず流入する「労働力」によって、またたく間に都市の労働市場は供給過剰となり、「農民工」が安定した職業に就くのはけっして簡単なことではなかった。そのため、「農民工」は安定した職を手に入れようと、農村から都市、都市から都市へと転々と移動しながら生活せざるをえなくなった。都市へ流入してきた「農民工」は、都市経済の発展に大きく寄与したにもかかわらず、都市行政や政府は「農民工」への保護や福祉サービスをほとんど提供することはなかった。都市の人手不足を解消するための「労働力」として「農民工」を認める一方、都市住民と同等の権利を認めなかったのである。さらに都市行政は、一九八五年に施行された「都市暫住人口管理暫定規定」にもとづき「暫住許可証」（暫くの間に都市に居住する資格許可）をもたない「農民工」を、都市社会の秩序を脅かす不安定要素とみなして経済的制裁と行政的処罰（強制送還）を課しさえしてきたのである。

一九九〇年代以降の農村労働力の移動に伴って、都市では都市住民と「農民工」という二重構造が形成された。しかし大多数の都市住民は、新たに流入してきた「農民工」と直接対面する機会がほとんどない。なぜなら「農民工」を受け入れつつも排斥するという差別的施策がとられ続けたことによって、「農民工」は都市縁辺部やさらにその外側で、目立たぬように暮らすようになったからである（Friedmann 2005＝2008：141）。

このように「農民工」は、公共サービス／福祉サービスを享受できない、「自己責任」にもとづく都市生活を強いられるようになった。「農民工」はこうした状況下において、都市社会での不測の事態や都市住民からの差別に対処するための、地縁・血縁にもとづく「農民工のコミュニティ」を形成していくようになる。「農民工」は一部の地域に集住し始め、互いに仕事を紹介し、さまざまな職業基盤を築いていくようになった。こうした「農民工」のうちの一部は次節で述べるように、「ごみ」を介して自己の「生」を反転しようとしたのである。

2　生活維持の「緩衝地帯」

「農民工」が廃棄物処理に携わることができるようになったのは、回収業の構造的変化と深い関係がある。第三章で詳述したとおり、計画経済時代における再生資源の回収・分別業務は政府の管轄下にあり、集団所有の回収企業従業員（公務員）がその主たる担い手であった。しかし、改革開放の流れのなかで、集団所有の回収企業の組織体制が徐々に弱体化し、ついに一九八四年から民間企業や個人の回収業への参入が認められるようになった。政府に完全統御されてきた回収業者は、未成熟な市場に参入することとなり、組織の管理監督が行きわたらなくなる。こうした行政の管理の隙間を縫うようにして、「農民工」が積極的に入り込み、回収業の重要な担い手となっていく。このような周縁を生きる人々が積極的に回収業に乗り出す現象は、中国だけではなく、諸外国においても確認できる。たとえば、アメリカにおける移民の回収業への参入について、ケヴィン・リンチは次のように指摘している。

廃品回収は、移民には格好の仕事であった。僅かな資本で参入できたし、一大帝国を築くこともできる商売だった。動きの速さ、慎重な分別、機転の良さ、記憶の良さ、つまり需要と備蓄の隠れたつながりを見いだす能力さえあれば、富が蓄えられた。それは自由な市場であり、体系的なデータも公式な規則もなく、現金払いで取引され、往々にして税金も免れていた。（Lynch 1990 = 1994：101）

社会の周縁を生きる人々が回収業に積極的に加わる原因は、他業界と比べ比較的に参入のハードルが低く、しかも現金で高収入を得るチャンスがあるからである。同じく中国の回収業も、特別な技能をもたず、周縁を生きる「農民工」にとって、格好の職業の選択であった。一九九〇年代からの経済発展の加速と消費増加につれて、都市の資源ごみの排出量も増え続けるようになっていく。それによって、「農民工」の廃品回収への参入が活発になり、農村出身の「回収人」「拾荒人」によって巨大な廃品回収のネットワークが作り上げられていったのである。

「農民工」の大量流入、回収業の構造的変化、「農民工」の回収業への参入が、都市では不可避となった。瀋陽市の場合、回収業に従事している人々は、河南省、河北省、山東省からの農民が非常に多い。彼/彼女らは市街地を廻りながら都市住民から直接に廃品を買い取ったり、居住地や商業施設の周縁や都市周辺のごみ山などから資源ごみを拾い集めたりして、それを換金することで生計を立ててきた。

しかし、回収業に投じたとしても、「農民工」の生活の改善が保証されるわけではない。廃品回収を通じて富を手に入れるのは、ごく一部の「農民工」に限られており、多くの「農民工」は相変わらず苦しい生活を強いられている。さらに、「回収人」「拾荒人」は、たび重なる都市住民からの差別や行政からの活動制限を受け、生活の基盤は常に不安定である。「回収人」「拾荒人」のなかには、都市での職が定まらず、仕方なく回収業に転じ、次の仕事が見つかるまでの間の生活資金を廃品回収から獲得し、転職に備えている人もけっして少なくない。こうしたことから、回収業は「農民工」の生活維持のための「緩衝地帯」としての役割を果たしていると考えられる。

「回収人」や「拾荒人」はごみの再資源化に大きく貢献してきたが、彼／彼女らの活動に対する社会的評価は依然としてきわめて低い。瀋陽市では、二〇〇七年の「管理弁法」の施行を機に、「回収人」「拾荒人」の都市内部での活動が厳しく制限され、彼／彼女らの生活はいっそう苦しい状況に追い込まれた。こうした状況においても「回収人」や「拾荒人」は、いままでの廃品回収のネットワークを維持し続けている。第三章でみてきたとおり、廃品回収の一元化と都市景観の整備事業によって、排除の窮地に追い込まれた「回収人」と「拾荒人」は、生活と活動の拠点を都市周辺に移し、活動を続けてきたのである。

3　土地の都市化

「回収人」と「拾荒人」の活動を可能にした都市周辺の空間構造の形成は、近年の中国の「城鎮化建設」（都市化建設）と「社会主義新農村建設」と深くかかわっている。一九九〇年以後、流入人口の増加に伴い、全国的に都市化が進められた。都市化を進めるにあたっては、都市周辺における農村部の農地転用が前提条件となるが、「土地管理法」によって土地利用が制約され、簡単には市場化することができない。一九八七年に施行された「土地管理法」では、耕地の保護を目的に、農村の土地は農民の住居用に使用することと、農地として利用する権利が与えられているのみであった。つまり、国が所有する都市の土地は建設用地としての転用が可能であるが、集団に帰属している農村の土地は都市建設用地への転用が法律上認められていない。こうして都市化政策を推進するための、人口流動と農村の土地利用の制度的障壁を取り除く必要が課題として浮かび上がってきたのである。

その一環として、一九九三年から「戸籍制度」の改革が中央政府により本格的に取り上げられ、「段階を分けて、最終的には農業戸籍と非農業戸籍の区分を取り消し、都市―農村間の人口流動の制度的障壁を取り除く」方針が打ち出されるようになる（王 二〇〇四：二〇五）。二〇〇五年一〇月の中国共産党第一六期中央委員会第五回全体会議では、都市と農村の格差是正にむけて、インフラ整備の重点を農村に移し、都市の公共サービスを農村まで拡大する「社会主義新農村建設」の政策目標が打ち出された。しかし、都市と農村、地方政府と農民、中央政府と地方政府の間には農地をめぐる利権関係が複雑に絡んでいるため、今も「戸籍制度」にもとづく土地利用の制約が根本的には改変されていないのが現状である。このように、近年の中国の都市化は、農村の土地利用に必要な条件整備が十分に行われていないままに進められてきたのである。すなわち都市の行政区画の変更、「社区」建設や「村改居」（村民委員会を住民委員会に改組すること）など、いわば農村という看板を都市にすげ替え、都市に必要なコストと条件を整備しないままに、安易に大量の農村の土地を国有化・市場化する、都市の空間的拡張が進められてきたのである（田中 二〇一一：七七―八二）。農村の土地が都市空間に組み込まれていくこうしたプロセスが、中国の都市化の大きな特徴である。

このような変則的手法を用いて、農地の建設用地への転用が全国各地で大規模に行われてきた。しかし、行政区画の変更、「社区」建設や「村改居」を実践する過程における、それに関連するさまざまな諸制度の導入は、必然的に、中国社会のなかに歴史的に形成されてきた伝統的な社会構造と対峙

写真5-1　立ち退き後の都市周辺の村
（2012年2月19日筆者撮影）

写真5-2　加速する都市化建設
（2014年2月17日筆者撮影）

写真5-3　農村を飲み込む都市化建設
（2012年2月19日筆者撮影）

することとなる（江口 二〇〇六：七四）。全国各地での土地の都市化は、行政と農民の対立を激化させ、社会不安の大きな温床となっている。このように、中国の都市化は、近代的な市場メカニズムに従っている一方で、いまだに「戸籍制度」に強く縛られ、大きな制度的ジレンマに陥ったままである（孟二〇一一：一〇）。

一方、農村の土地の都市建設用地への転換は、大量の「失地農民」（土地を失った農民）を生み出すことになった。立ち退きを迫られ、都市に追いやられた「失地農民」は、都市戸籍の身分をもつものの、就業や生活手段が保障されるわけではない。土地徴用のわずかな経済的補償だけでは、「新都市住民」の生活維持は難しく、後々「農民工」の行列に加わらざるをえなくなる。さらに右記の過程で全部あるいは大半の土地が徴用された後も、そのまま村落に多数の農民が居住する地区も数多く残されている。こうした地区は「城中村」と呼ばれ、都市化の急速な発展過程において生み出された現象である。「城中村」について、李培林（二〇〇六）は次の三つのタイプに分けている。

一つは繁華な市街地にあり、すでにまったく農地がない村落である。第二は市街地の周辺にあり、まだ少し農地が残っている村落である。第三は遠い郊外にあり、まだ比較的多くの農地が残っている村落である（李 二〇〇六：一六六）。

写真5-4 「城中村」の一角
(2012年2月19日筆者撮影)

写真5-5 「城中村」の入口
(2014年2月17日筆者撮影)

写真5-6 「拾荒人」の住居に迫る高層ビル（2014年2月17日筆者撮影）

農村でも都市でもないこうした「城中村」は、いわば都市と農村の二元混合体としての特徴をもっている。第一のタイプの「城中村」は、都市内部に残留した未開発の地域であり、農村の組織形態は形骸化している場合がほとんどである。第二のタイプの「城中村」は、いわば「準都市化」の地域であり、行政区画の変更と「村改居」に迫られ、農村の組織形態の存立基盤の弱体化が進んでいる。そして、第三のタイプの「城中村」は、いままでみることのできなかった農村空間の構造的変化であり、二〇〇五年からの「社会主義新農村建設」の推進によるものである。本書の第二章で取り上げたC村がこの第三のタイプに該当しており、農村の住宅地がマンション化されていくなかで、旧住民の居住地は村民委員会の組織形態を保ちながらも、新住民の居住地では

「社区」建設が進められている。また、こうしたマンション群は農村に囲まれているため、「城中村」というよりも「村中城」（農村のなかの都市）と呼ぶにふさわしい。

また一九九〇年代から流動人口が増加するに従って、第一と第二のタイプの「城中村」では、同郷、同業を中心とする「農民工のコミュニティ」が数多く形成され、次第に「農民工」の集住地となっていった。こうした社会的ネットワークは、人々によって選択された空間の影響を強く受けながら形成されたのである（陳 一九九四：五八）。多くの「農民工」がこうした空間での生活を選択したのは、たんに家賃が安く、便利だからだけではなく、行政による管理監督が比較的緩いからである。行政による排除を回避するため、廃品回収に携わる人々も「城中村」に集団居住することを選択した。それは、中心市街地にほど近いこうした地域は、廃品に出くわす確率が高く、より多くの収入を見込めるからである。

しかし、こうした「城中村」は、廃品回収に携わる人々の安定的な「生活の場」とはいえない。それには以下の二つの理由がある。一つ目は、「城中村」は常に都市化に飲まれるリスクを背負っていること。そのため、廃品回収に携わる人々にとっては、「城中村」はあくまでも一時的な生活空間にすぎない。二つ目は、廃棄物処理の管理政策の変化に影響されやすいこと。廃棄物処理の管理強化に伴い、廃品回収に携わる人々の活動に対する行政の介入が強まれば、「城中村」における生活が維持できなくなるからである。それでは、こうした不安定な環境にもかかわらず、廃品回収に携わる人々はどのようにして「生活の場」を確保しながら、生活世界を築き上げてきたのだろうか。

4 「第三空間」の特性

一九八〇年代まで、中国においては都市と農村の間には「戸籍制度」、土地利用制限、社会保険制度によって明確な境界線が引かれ、都市と農村が空間的に二分化されていた。前節でみてきたように、都市の空間的拡張により、周辺の農村部が蚕食されていくなかで、都市と農村の二元混合体のような地域が次々と生み出されるようになった。そのため、いまでは都市と農村を区分する空間的境界が不明確となり、都市と農村の狭間に液状化した空間が形成されている。農村でもない、都市でもないこうした地域では、従来の伝統的農村社会の存立基盤が崩壊し、住民の混住化が急速に進んできている。季増民（二〇一二）は、都市と農村の狭間にある地域を「第三空間」と定義し、その空間要件を次のように説明している。

第三空間の都市側のボーダーは、ビルドアップエリア（既成市街地）に接する第一番目の鎮・郷・街道

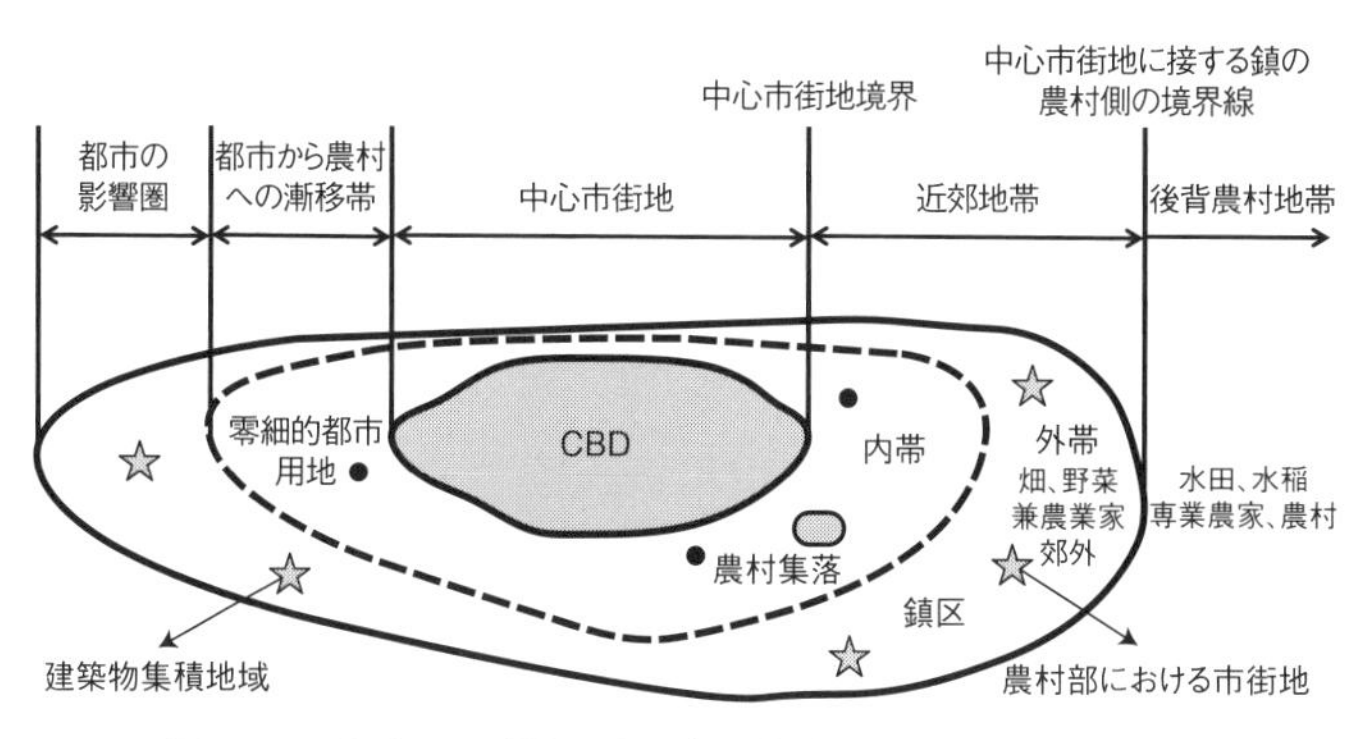

図5-1　李増民の「第三空間」の概念図（出所：李 2011：8）

（以下、この三者を鎮と略記する）の内側の行政境界線とする。農村側（外側）の境界線は既成市街地に接する第一番目の鎮の外側の行政境界線とする。外側の境界線は都市化の影響を受けながら時間的、空間的、景観的に常に変化していて、明確、連続的な境界線となっていない場合が多い（李 二〇一一：七―八）（図5―1を参照、傍点筆者）。

この説明では、「第三空間」の外側の境界線（農村空間に隣接している部分）は常に動態的であるため、明確に確定することが難しいことを強調している。一方で、この定義に従えば、内側の境界線（都市空間に隣接している部分）は固定的で、静態的なものとして捉えることができるようにもみえるが、実際は必ずしもそうではない。なぜなら、既成市街地の境界線も都市の行政区画の変更によって随時不安定な状態におかれており、そもそも境界線の所在が不明確な場合も多いからである。こう考えると、「第三空間」自体は境界線を伴わない空間として認識したほうが合理的であろう。「第三空間」の境界線の定義については議論の余地が残されているが、筆者が注目するのは境界線の所在ではなく、常に変動し続ける空間に内包されている「自由」の側面である。また、本書での「第三空間」の概念と、磯村英一（一九六八）の空間概念とは次元が異なるが、実に彼も都市の自由な空間に存在するパタヤ的スラムが資源の再利用に大きく寄与してきたことに触れている。磯村英一が指す三つの空間とは、住居を中心にした家庭（第一空間または生活空間）、仕事を中心にした職場（第二空間または生産空間）、そしてレクリエーションのための空間（第三空間、大衆空間）である（磯村一九六八：五四—五五）。

本書においては、「第三空間」の概念をそのまま援用しながらも、境界線の所在にかかわらず、広い意味での都市と農村の狭間の空間に着目した。その理由は、境界線の設定によって「第三空間」の領域が固定化されてしまい、そこから抜け落ちてしまう部分が生じるからである。それは、「第三空間」の最大の特徴が「都市的要素と農村的要素が混交するエリア」（季二〇一〇：三四六：二〇一一：一〇）であるとすれば、都市内部（市街地の境界線の内側）に組み込まれている第一のタイプの「城中村」が、境界線の設定によって除外されてしまうのである。

いままで、中国は社会主義体制のもとで、支配者が支配を強化するために空間を道具化し、その空間（都市─農村空間）が社会的関係を統制してきた（陳 一九九四：一一六）。一方、「第三空間」は、「都市的要素と農村的要素が混交するエリア」であるがゆえに、都市と農村行政の双方からの管理が行き届かず、都市と農村に比べて組織規範や制度による縛りが弱い特徴をもっている。「第三空間」は、生活者が行政側からのサービスを受けにくい側面をもつ一方で、管理体制が緩やかであるため、生活者にとっては相対的に「自由の空間」でもある。すなわち、都市と農村よりも自由度が高いことは「第三空間」の地域特性である（季 二〇一一：一三）。この「自由」を求めて、都市へ流入してきた「農民工」「回収人」「拾荒人」が「第三空間」を移入先として選定したのである。だが、言うまでもなく、この「自由」は政府の積極的な制度改変によるものではなく、空間の近代化に伴う都市─農村構造の変容に追いつかない「二元的社会構造」の制度的欠陥によってもたらされたものである。

「回収人」「拾荒人」は、「第三空間」から「自由」を掴み取り、中国社会の強力な権力構造のなかで、「自由の空間」を築きあげてきた。しかし、この「自由の空間」は常に安定的に維持されているわけではない。瀋陽市の事例からもわかるように、近年の市街地の急速な拡大と廃棄物処理の管理強化につれて、かつての都市内部で形成されていた「回収人」「拾荒人」の集住地やごみ村が一掃された。その時、「回収人」「拾荒人」は、「生活の場」をいったん「第三空間」の外側へと移動しながらも、廃棄物管理の隙間を見計らって都市内部へと再接近を図ってきた。つまり、廃品回収の一元化管理によって、「回収人」の瀋陽市の市街地での生活と活動が排除され、「第三空間」の外側への移住を余儀なくされたが、現在は都市内部での活動を再開したこと（第三章）が実情である。また、政府や行政による取り締まりのような「運動」があるたびに「ごみ山」と「拾荒人」の居住空間への行政の介入が深まり、「拾荒人」が「第三空間」のなかを転々としながら、「ごみ山」での活動を継続していること（第四章）は、都市内部へと再接近しようとする具体的実践と理解できるだろう。

「拾荒人」や「回収人」の活動は生活のためとはいえ、その活動により多くの資源ごみが再利用され、それはごみの最終処分量の減量にもつながっている。こう考えれば、いままでの「拾荒人」や「回収人」の活動は、廃棄物処理の欠陥を補い、廃棄物処理をめぐる都市―農村の緊張関係を緩和させてきたともいえる。しかし、これまでの「拾荒人」や「回収人」の活動は評価されず、廃棄物処理の制度化によって不当な扱いを受けている。その原因は、彼／彼女らの存在が、すでに廃棄物処理の制度形成の段階において、「付随的な被害」として排除されていたからである。

こうした不利な状況のなかで、「拾荒人」や「回収人」は、「第三空間」で粘り強く自らの生を織り成している。本書はこのような「回収人」「拾荒人」の生活実践を「生活論」にもとづく、廃棄物管理の制御への「抵抗」として読みかえてきた。中国においては、都市と農村、都市住民と農民の格差構造がいっこうに改善されず、周縁を生きる人々がなかなか構造化された貧困から抜け出せない現実がある。廃品回収の仕事は、周縁を生きる人々が自らを社会から完全に離脱させないように、次へのステップアップを図るための「踊り場」なのである。しかし、「回収人」「拾荒人」の活動が一方的に制限・排除され、元々抱えていた社会制度に対する心理的隔たりはさらに拡大してしまった。このような状況のなかで、「回収人」「拾荒人」に対して廃棄物処理の制度や社会のルールに従うことを求めても無理であろう。「回収人」「拾荒人」の生活実践（「抵抗」）は、社会的に貶しめられている立場を引き上げる、あるいは反転させることへの強い願望に裏打ちされているのだ。

以上の議論を踏まえれば、「第三空間」は、「回収人」「拾荒人」の「生活の場」であるだけではなく、新たな価値や意味の「創造の場」でもある。「第三空間」は固定した、不変のものではなく、いままさに「流動しつつある」あるいは「拡散されつつある」もので、「回収人」「拾荒人」が廃棄物処理の制度と実態のズレを生きることを可能にしている場なのだ。

終章　廃棄物管理をめぐる制御と抵抗

1　周縁を生きる人々のごみとの向き合い方

本書ではこれまで、現代中国の廃棄物処理における制度と実態のズレに焦点をあてて、瀋陽市の三つの事例を考察してきた。そこで本書が目指してきたのは、第一に、廃棄物処理における制度と実態のズレがどのように生成し変容したのかを考察すること、第二に、このズレを誰がどのようにして修復しているのかを検証すること、第三に、この修復の行為は社会制度とどのような関係におかれてきたのかを検証することであった。本書を締めくくるにあたって、まずは各章の内容をたどり直していきたい。

第一章では、中国のごみ問題の生成史と廃棄物政策の形成過程について考察した。中国において、二〇世紀初頭に発生した伝染病の対策として、廃棄物処理が国家管理の衛生事業の枠組みに取り入れられるようになった。新中国成立後も基本的に従来の公衆衛生思想を踏襲し、廃棄物処理は衛生事業の一環として位置づけられてきた。改革開放政策の導入以後、市民の生活スタイルが徐々に近代的なものになるにつれて、日常生活におけるごみの排出量が増え始めるようになった。一九九〇年代半ば頃からは発泡スチロールの容器やビニール袋の「白色汚染」による環境への被害が顕在化し、それを契機にごみ問題が環境問題として捉えられ、廃棄物処理の制度化が進められてきた。そして、二〇〇〇年以後には、市場経済の発展を維持するために、資源供給と環境保護を矛盾なく成立させることが要請されるようになり、二〇〇九年に「循環型経済促進法」が施行された。このように、中国の廃棄物処理の制度化は、公衆衛生思想、グローバル環境主義、市場経済主義の枠組みのなかで進められ、公共政策としての正当性を獲得してきた。しかし、いずれの段階においてもごみ問題は画一的に構造化され、「社会的共通負担」や生活者の「生活論」（生活の論理）にもとづいた政策が形成されてはこなかった。

第二章では、瀋陽市の農村部における処分場建設の事例を取り上げ、廃棄物処理が実際にどのように制度化されているのかを考察した。これまで農村ごみの処理は、行政的視点から問題の優先順位が低いとみなされ、廃棄物政策の「制度的周辺」におかれてきた。二〇〇七年に政府が補助金制度を設けることによって、農村の廃棄物処理に対する行政管理システムの構築が推進された。しかし政策実施過程において、Y郷政府は廃棄物処理の「管理化」だけに力を注ぎ、一方的に共同処分場の建設地をD村に押し付けた。D村の村人は政策への絶対的服従から選択的服従へと戦略を変え、意図的に周辺の村を紛争に巻き込みながら、交渉の場で経済利益の獲得に成功した。「政績」を重視し、補助金の獲得を目的とする地方行政の行動パターンは、中央政府による廃棄物処理の制度設計の意図とは異なる結果をもたらし、「上からの環境政策」の実効性を阻む要因となっている。また、「社会主義新農村建設」は、村落間の不均衡な発展をもたらし、農村社会の固有の空間構造を揺るがしており、廃棄物処理の「周縁における被害のさらなる周縁化」という問題を生み出している。

第三章では、瀋陽市の都市部における回収業の事例を取り上げ、廃棄物処理において制度と実態との間にどのようなズレが生じているのかを考察した。二〇〇七年から再生資源の有効利用の促進を目的として、回収業への行政の介入が強化され、行政主導によるリサイクルシステムの構築が進められてきた。「管理弁法」による回収業の一元化管理、「回収人」のフォーマル化は、再生資源の市場構造の高度化を意図したものであったが、一方ではそれまで放置してきた回収業を再び支配下におこうとする行政の思惑が含まれている。このような行政的措置は、既存の回収業の利益調整、「回収人」の貧困問題や格差問題の解決そのものと深くかかわっており、必然的に利害の対立を誘発し反発を招くこととなる。そのため、農村出身の「回収人」は、行政機関と正規「回収人」の双方からの排除を受けながらも、都市の近郊やより広範な農村部を対象にして活動範囲を広げつつ、都市内部での活動の再開に備えてきたのである。その結果、廃棄物処理の制度化において、「回収人」の正規／非正規、再生資源の国家主導のリサイクルシステム／業界主導の「サブシステム」の対立図式が生み出されている。

第四章では、瀋陽市の都市周辺のごみ山の事例を取り上げ、廃棄物処理における制度と実態のズレを人々がどのように生きているのかを考察した。ごみの大量排出と処分場の残余容量の不足に加え、都市周辺の住民組織やごみ行政の二重構造、そして住民連帯の分断などが複合的に絡み合い、その帰結として、都市と農村の間の「液状化地域」にごみ山、ごみ村が集中しやすくなっている。一方、こうした「液状化地域」に点在するごみ山は、農村出身の「拾荒人」に就労と生活の場を提供している。「拾荒人」は効率よく廃品を集めるためにさまざまな工夫（ごみ村での居住、グループ形成、道具の改良や導入）を凝らし、行政機関によって「適性処理」されたごみを再び「処理」（資源化）している。しかし、「拾荒人」の生活や活動はたび重なる「運動」に妨害され、「拾荒人」はごみ山を転々と移動しながら生活を営んでいる。繰り返し形成されるごみ山は、実は「拾荒人」に活動の場所を不断に提供している。

第五章では、周縁を生きる人々、「回収人」と「拾荒人」が廃棄物管理の権力に「抵抗」する場所をどのように創造したのか、そして彼／彼女らの生きる場に埋め込まれた「生活論」はいかなるものかを検証した。改革開放政策の導入以後、沿海地域と都市部の経済発展と労働力不足に伴い、「戸籍制度」にもとづく農村の人口移動の制限が緩和され、「農民工」の移動が爆発的に増加した。しかし、都市行政や政府は「農民工」への保護や福祉サービスをほとんど提供せず、「農民工」は「自己責任」

にもとづく都市生活を強いられてきた。こうした「農民工」のうちの一部は、「ごみ」を介して自己の「生」を反転させようと、政府の完全統御から解放された回収業に積極的に参入するようになった。しかし、「回収人」「拾荒人」の活動は度々行政管理の排除の対象となり、生活が不安定な状況におかれてきた。こうした不利な状況において、彼／彼女らは都市化の急速な発展過程で生み出された「第三空間」から「自由」を掴み取り、中国社会の強力な権力構造のなかで、「自由の空間」を築きあげている。「第三空間」は、彼／彼女らの「生活の場」であるだけではなく、新たな価値や意味の「創造の場」でもあり、廃棄物処理の制度と実態のズレを生きることを可能にしている。

以上、本書では廃棄物処理の制度化において「付随的な被害」を受ける周縁を生きる人々の生活現場に降り立ち、彼／彼女らの日常実践とごみとの向き合い方を考察してきた。ごみ問題は、生活の現場において、経済や政治や環境といった区分けされた領域がそれぞれ別個に存在しているわけではなく、トータルな生活世界のなかにいわば「埋め込まれて」いる（古川 一九九九：一三二）。そのため、ごみ問題は、たんに衛生問題、環境問題、経済問題だけでなく、社会構造にかかわる貧困問題、格差（差別）問題などでもあるのだ。

2　地域の空間構造からみるごみ問題

以上の各章の内容を踏まえながら、序章で示した分析枠組みを再確認し、目的に対する答えを提示する。

まず、第一に、「制度的構造」が廃棄物処理の政策形成にどのような影響を与えたのかについて整理してみよう。すでに述べたように、中国は計画経済時代に制定された「戸籍制度」によって、都市―農村、都市住民―農民が厳格に区分され、いわば「二元的社会構造」が形成された。そして、改革開放政策の導入以後、市場経済化の加速、流動人口の増加と都市化の進展につれ、「戸籍制度」の改革が不可避の課題となり、ついに政府は二〇二〇年までに「戸籍制度」を段階的に撤廃することを公表するまでに至った。しかし、全国各地において戸籍上の身分の統一だけが先行し、福祉、医療、教育の差別構造の是正は後回しになっている。廃棄物政策もこの「二元的社会構造」を基軸に形成されており、都市と農村はそれぞれ異なる政策体系、管理体制にもとづいて廃棄物処理を行っている。また、廃棄物処理の政策形成においては、主に都市部および工業生産を対象としており、農村部のごみ問題は「付随的な被害」として無視あるいは軽視されてきた。これについて、第二章で、公認の処分場が農村に位置しているにもかかわらず、周辺農村の生活ごみを受け入れない構造的矛盾を指摘した。そして第三章で、「回収業の市場秩序の規範化」とリサイクルシステムの構築は、都市社会で発生した再生資源の地方への流出を阻止し、都市経済の発展を促す狙いであることを明らかにした。また、第四章で、都市周辺のごみ山の形成はごみ行政の二重構造と深くかかわっていることを指摘した。このように、計画経済時代の産物である「二元的社会構造」は、いまだに現代中国の廃棄物処理の政策形成に大きな影響をあたえ、それはまた政策の立案や決定にかかわる層とそうでない層の「目にみえない壁」を作り上げているのである。

第二に、「空間」と廃棄物処理がどのように関係しているのかを確認しよう。序章でも述べたように、ごみ研究において、対象地域のごみが、どこで、どのように配置されているのか、その「空間」の特質を的確に把握する必要がある。そのうえで、その「空間」を包み込む、地域全体の空間がどのような構造をもっているかの検証も不可欠である。この「空間論的アプローチ」は、本書を貫く重要な分析視点であり、独自性でもある。取り上げてきた事例から、廃棄物処理と「空間」が深くかかわっていることが理解できた。たとえば、第二章の処分場建設の立地をめぐる紛争は、C村の空間構造の変容、D村の農地という空間の所有と直接に関連している。また、第三章の都市からの回収場や「回収人」の排除は、都市空間の景観整備と関係しており、第四章の都市周辺へのごみ山の配置は、都市—

農村の空間構造の変化と不可分の関係がある。本書では「空間」という媒介を通すことによって、いままでみえてこなかった中国社会のごみ問題を可視化することが可能になった。

第三に、廃棄物処理にどのようなアクターがかかわっているのかを確認しよう。本書では、都市住民の廃棄物処理の取り組みについては触れなかった。その理由は、都市住民は家庭からごみを出すと、その後、直接的に関与することがなくなるからである。端的に言うと、ほとんどの都市住民はごみを排出するだけであって、そのゆくえについてはわからず、無関心である。それに対し、農村部の生活ごみは「自区内処理」が原則となっており、ごみの末端処理まで農民が直接にかかわっている。そのうえ、都市部で発生するごみが農民の生活空間に押し付けられている。また、これまでみてきたように、ごみの再利用にかかわっている人々は、「回収人」と「拾荒人」などである。廃棄物処理と直接にかかわっているのは、こうした周縁を生きる人々なのである。本書ではこれまで、周縁を生きる人々のごみとのかかわりを考察してきた。そこからみえてきたのは、周縁を生きる人々が、廃棄物処理の権力空間に翻弄されつつも、強力な外圧に「抵抗」し生活世界を再創造していく姿である。それは、生活改善を図る村人（第二章）、逆境を生き抜く「回収人」（第三章）、不安定を生きる「拾荒人」（第四章）の生きる場の「実践知」にもとづく生活の組み立てである。

以上のように本書では、マクロレベルの社会構造や制度・政策の分析とミクロレベルの個人行動や組織関係の分析を、「空間」を通して繋ぎ合わせることによって、現代中国の廃棄物処理における制度と実態のズレ、つまりいっこうに改善されない廃棄物処理の問題の本質的な部分を複合的に捉えてきた。本書全体を通しての考察の結果は次のとおりである。第一に、現代中国において、「政策論」と「生活論」の乖離、「二元的社会構造」にもとづく政策形成と空間の近代化の齟齬が、廃棄物処理における制度と実態のズレを生成し変容させている。つまり、廃棄物処理における制度と実態のズレは、「生活論」の「主体」が欠如した制度設計、硬直化した廃棄物処理の制度空間と変容する都市―農村の空間構造との不一致の結果である。第二に、こうした廃棄物処理における制度と実態のズレは、数多くの周縁を生きる「回収人」「拾荒人」によって補われている。政策とシステム設計がカバーできない廃棄物処理の領域を「回収人」「拾荒人」が支え、ごみによる社会的緊張を和らげているのである。第三に、「回収人」「拾荒人」のごみとの向き合いは、周縁を生きる人々が国家の社会制度下で構造化され続けている貧困からの脱出を図る主体的な実践行為である。それは、周縁を生きる人々が社会的に貶しめられている立場を反転させることへの強い願望に裏打ちされている。

3　公論による政策形成の隘路

以上の考察を踏まえれば、廃棄物処理における制度と実態のズレの解消にどのような取り組みが必要なのか、という議論が必然的に導かれる。これまでの考察の結果と照らし合わせると、廃棄物処理における制度と実態のズレを解消するには、制度的構造にもとづく政策立案の仕組みを変革し、制度設計において「生活論」の「主体」の欠如を克服していく必要がある。つまり、ごみ問題の解決において、もっとも基本的な争点である「だれのための管理なのか」という命題を焦点化し、「公共空間」における多様なアクターの合意形成を可能にする「公共政策の設計」が求められるのである。すなわち、公共問題の政策形成において、公論を形成するネットワークである「公共圏」の確立とその豊富化が必要で、その際に政策形成に関与する諸主体の平等性と議論の公開性をいかにして確保していくのか、が問われることとなる。

環境社会学の研究領域においては、公共問題の政策形成における合意形成に向けた意思決定プロセスに関する議論がかなり蓄積されてきた。たとえば、舩橋晴俊（一九九八）は、公共圏の構成要素となるような個別具体的な意見交換と意思表明の場を「公論形成の場」と定義し、「公論形成の場」において必要なことは、利害関係者に対する開放性であって、異質な視点・情報を集め、突き合わせたうえで、より普遍性のある問題認識と解決策を見出すことであると主張した。そして、湯浅陽一（二〇〇五）は、債務や廃棄物処理などの負担問題の解決において、「参加」という形式で市民と政府・自治体との政策論争が進みつつある状況を踏まえ、政策過程において原則を形成していくことがとくに重要であると指摘した。

しかし、公共問題や公共政策の問題解決に公論の役割への期待が高まる一方、公論のあり方にたいする疑問が存在することも確かである。たとえば、三上直之（二〇〇五）は、「公論形成の場」を設定することだけで、存在する問題が解決することができるのか、政府と市民社会はどのような位置関係で話し合い、平等性を保つことができるのか、そして、「参加型」の話し合いの場はどのような資質の主体で構成されるべきなのか、などの疑問を呈している。また、土屋雄一郎（二〇〇八）は、廃棄物処分場の立地をめぐって繰り広げられる地域紛争にかかわる問題を取り上げた、公論や討論を通しての意思決定において、合意形成に関与する諸主体の平等性と議論の公開性が確保されたとしても、「手続き主義」と個人の自己決定権によって正当化される「正しい合意」が問題の核心を隠蔽しかねないことと、共同体における「無事」という見識によって正当化される「善い合意」が境界的なメンバーの排除に加担しかねないことを端的に指摘している。

このように、公共問題の政策領域における公論による合意形成をめぐっては、さまざまな主張や見解の違いが存在しており、議論の余地が多く残されている。ただし、公共問題の政策形成や政策実施のプロセスにおいて、市民と政府・自治体との間に公論形成の場の形成が必要であるという認識は共有されている。中国も同様に廃棄物処理などの公共政策の立案過程において、世論の形成や政府の政策に影響を与えようとする「場」が出現し始めている。ただ、現段階では、その「場」での議題の設定や討議の自由度は政府からさまざまな制約を受け、日本や欧米諸国の「公共圏」と異なる形態を保っており、「準公共圏」「半公共圏」と呼ぶにふさわしい（唐 二〇一二：一九二―一九三）。では、中国において、廃棄物処理などの公共問題の政策形成やその実施過程において、市民参加や公論がどのような傾向をみせ、そしてどのような問題を抱えているのだろうか。

序章でもすでに述べたように、中国においてごみ処分場建設という負担問題が大きな社会問題となっている。ごみ処分場建設に関して国・地方などの統一基準がないだけでなく、極端な場合は同一地域内でも異なる基準によってごみ処分場が建設される場合がある。二〇〇三年九月一日に施行された「環境影響評価法」の第二一条では、「環境に重大な影響を生じ、環境影響報告書を編成すべき建設プロジェクトに対しては、建設単位は建設プロジェクトの環境影響報告書の審査を求める前に、論証会、聴聞会、あるいはその他の形式で、関係する単位、専門家、そして公衆の意見を求めるべきである」と明確に規定されている。ところが、地方のごみ処分場建設において、環境アセスメントの手続きを経ず、国有地が地方政府や建設業者に悪用され、地域住民の権利が侵害される事案が後を絶たない。つまり、地方政府が地域住民の反対意見を無視し、利益誘導や政績工程でごみ処分場建設を強行的に実施しているのだ。ただ、最近は、住民が真正面からごみ処分場建設に反対の声を上げ、建設計画を中止に追い込んだ事例も報告されている。

廃棄物処理を「社会的負担」として捉え適切に対処していくには、両者（政府と住民）がその「場」にアクセスすることのできない周縁を生きる人々の問題といかに向き合わなければならないかをめぐっては注意深い議論が必要であるが、マクロなレベルにおいて市民社会と公権力の公論による合意形成が重要だといえる。つまり、市民が「参加」という形式で政府と政策論争を行い、政策過程において原則を形成し、それを政策に反映していく公論形成が求められる。しかし、政府主導の公共事業を対象とした公論形成においては、往々にして市民の個人利益よりも政府の集合利益が優先され、「道理性」（湯浅 二〇〇五）の発揮が難しく、市民の権利が侵害されることは珍しくないのである。

中国における公共問題や公共政策をめぐる公論形成は、政府と住民が対等な立場で行われるものではなく、その性質や手続きにおいて日本や欧米諸国の公論形成とは異なる形で展開されている。集会や結社への統制が非常に厳しい中国において、公論形成はけっして容易なことではない。とりわけ中国における公論形成は、市民社会において成立し公権力に対抗する形態で存在するものではなく、政府主導で行われるものがほとんどであるといって良い。近年、環境事業や公共事業の決定過程において、各分野の代表者を招き、要望の聴取や公論での討論の結果を当該の政策に反映させるなどの取り組みが行われている。しかし、これらの意見がどの程度採用されるかは、結局のところ、政府や行政機関の判断に委ねられており、公論がさまざまな仕組みで形成されてはいるが、その効果はまだ限定的なものであるといわざるをえない。

ただその一方で、このように多くの課題を抱えながらも、さまざまな分野で公論形成を求める声が高まり、公共事業のあり方や地方自治体の条例制定などの政策過程への市民参加が少なからず実現されるようになってきたことも事実である。しかし、本書が明らかにしてきたように、「二元的社会構造」のもとで「市民」からさえも周縁化されてきた「生活者」の存在や彼らが生み出される構造的な要因を正確に捉えることなしに、西洋世界で完成された公論形成のモデルが規範化されるとすれば、「循環型社会」の実現のために制度設計されたリサイクルシステムが十全に機能しなかったのと同様の結果をもたらすに違いない。

中国においては、利害関係者を政策形成過程にできるだけ早期の段階で参加させ、その意向を反映させることにより、市民社会の権利・利益の早期の保護を図り、行政主導による目標設定の自己目的化という弊害を防ぐ必要がある。とくに、ごみの増加や環境の悪化、土地の消耗を防ぐための対策において利害関係者の参加は不可欠であり、中国の市民的公論形成がどのように推移するのかはこれから注目されるところであろう。しかし、市民社会と公権力による公論形成というクリアな対抗関係による議論が、廃棄物処理システムを実質的に担ってきた人々の生活世界を排除し、さらなる周辺をつくり出すことを正当化するだけであるならば、それは、廃棄物管理の制御をめぐる問題の本質を隠蔽するだけでなく、制度と実態のズレをいっそう拡大させ、さらなる抵抗の源泉を生み出すだけになるだろう。

4 「政策論」と「生活論」の接合をめざして

本書は、廃棄物処理における制度と実態のズレに着目しながら、貧困や経済格差に苦しみながらも生活を組み立てていく周縁を生きる人々のリアリティを記述してきた。これまで中国のごみ問題の研究領域に多く見られる政策論のアプローチとは異なり、生活論のアプローチにもとづいて、廃棄物管理とリサイクルにかかわる周縁を生きる人々の日常実践の考察を試みた。これにより、中国のごみ問題の解決に向けた「公共的理念」の構想において、いままで見落とされてきた側面がある程度提示できたと思われる。

しかしながら、廃棄物管理をめぐる問題に対し、「政策論」と「生活論」の両次元をいかに接合するのかという段階にまで議論を進めることができず、現状を把握することに留まったことも事実である。今後の大きな課題は、「政策論」と「生活論」の「接合知」とでもいうべき知の創造的なあり方に迫るとともに、公共政策を正当化する全体の正義と生活世界の文脈のなかに埋め込まれたローカルな正義とを結びつけることにむけて研究を深めていくことである。こうした研究により、環境社会学研究、とりわけ環境的正義を主題とするような議論に新たな知見を与える可能性があると考えられる。

また、本書では、中国における都市―農村の「二元的社会構造」のもとでこれまでの廃棄物処理をめぐる政策の体系が持続してきたなかで、人口増等による都市の拡大と生活様式の近代化にともない排出される廃棄物の量的・質的増加により、従来の空間の秩序が揺るがされている点を明らかにした。そのなかで、都市―農村構造の変容によって生じた「第三空間」は、周縁を生きる人々が構造化された貧困を脱けだすための実践の場（抵抗の磁場）として機能していることを指摘した。こうした「第三空間」における周縁を生きる人々の存在が、社会システムの「調整弁」「安全弁」として機能し、循環経済（リサイクル）の実態を支えるうえで重要な役割を果たしているのである。

一方、「第三空間」では「回収人」や「拾荒人」のほかにも「農民工のコミュニティ」が数多く存在し職業基盤を築いている。本書では、廃棄物処理の問題に限定したため、「第三空間」における「回収人」や「拾荒人」の生活実践だけを事例として取り上げてきたが、今後は多様な「農民工のコミュニティ」の生活実践を視野に入れて公共政策のあり方を考察していきたい。とくに、「流動しつつある」あるいは「拡散されつつある」、この「第三空間」が、これからどこまで広がっていくのか、それによって中国社会の空間構造がどのように変容していくのかも注目する必要があるだろう。

あとがき

二〇一七年八月、一年ぶりに調査地のごみ村を訪れた。ごみ村の隣にあったごみ山は、建築廃材のコンクリートやレンガの破片に埋もれ、堆積する生活ごみによるカラフルな風景はなくなっていた。ごみ山のすぐ手前では十数棟の高層マンションの建設が急ピッチで進められており、ごみ山で働く人々の姿はみえなかった。

いつも優しく接してくれた「拾荒人」のおじいさんが気になり、ごみ村の住まいに向かった。庭には生活用品が散乱し、リヤカーの荷台には埃まみれの家財道具が満載されていた。屋内を覗くと黙々と生活用品の梱包作業をしているおじいさんの姿があった。筆者はそれで一安心し、筆者の姿をみつけたおじいさんは満面の笑みで迎えてくれた。

生活用品や家財道具が屋外にあったのは、引っ越しに向けた準備のためだった。廃品収集を行うために、多くの人々はすでに「生活の場」を都市周辺の別の村に移していた。近隣地域の都市開発計画が着実に進むなかで、ごみ村の土地徴用に伴う補償金の交渉が動き始めると、地元住民が相次いで廃品収集者への住居の貸し出しを取りやめたことが、大きな理由だった。おじいさんもこれから、先に引っ越しを済ませた同郷人と合流し、廃品収集の仕事を続けていくという。ところが、おじいさんからはどこか不安げな様子が窺えた。新たな場所での生活への期待より、いつまで仕事を続け生活を営んでいくことができるのかという不安の方が、大きいのだろう。実際、都市化だけではなく、彼／彼女らの生活に重大な影響を及ぼす事態が新たに生まれ進行している。

二〇一七年四月、国家発展改革委員会と建設省は「生活ごみ分別制度実施方法」を公布し、瀋陽市を含む四六都市で生活ごみの強制分別を施行した。この政策では、生活ごみのリサイクル率の引き上げを最大の目的として、ごみの収集、輸送、リサイクル、最終処理などのリサイクルシステムの構築に向けた具体的な計画が定められている。しかし、ごみの分別に対する住民の意識は低く、また、各地に存在する多くの施設では政策に対応する資源化技術を備えておらず、その建設も進んでいないのが現状である。にもかかわらず、二〇一七年八月、中央政府五部門（環境保護省、国家発展改革委員会など）は、同年十二月までに環境対策の一環としてリサイクル産業の取り締まりを実施すると発表し、リサイクルシステムの構築の促進をはかった。取り締まりの対象は、違法な小規模工場、環境審査や工商登記を済ませていない違法企業、廃品の集積場などで、これらは地元住民の住環境に深刻な悪影響をもたらすとみなされたのである。こうしたリサイクル産業の構造転換に向けた事態は、廃品収集の周縁を生きる人々にとっても無関係ではありえないのである。

強引に廃棄物処理の制度化・システム化を推進する行政組織、ごみの分別を強要される都市住民、廃品収集のために「生活の場」の変更をこれまでにも増して迫られる人々の間には、簡単に埋めることのできない大きな溝が横たわっている。そのため、そもそも関係者が一同に会することはもとより、話し合いによって合意に至る機会も皆無だろう。ならば、それぞれのアクターがそれぞれ直面する問題や課題に向き合い克服するためのすべを実行し、再検討の機会を持つことが、まずは実現可能なことといえる。これに対して、筆者を含めた環境社会学に取り組む研究者にとっては、それぞれのアクターが「最善策」を繰り返していくその先に、立場や意見の違いを超えて立ち上がる「公共」の可能性を期待し、また追求していくことが課題ではないだろうか。

本書は、二〇一四年一一月に関西学院大学大学院社会学研究科に提出した博士学位請求論文「廃棄物管理をめぐる制御と抵抗の環境社会学的研究——中国・瀋陽市における周縁を生きる人々の日常実践と交渉過程から」を踏まえたものである。本書の各章の初出一覧は以下のとおりである。なお、本書に収めるにあたっては、大幅な組み替えや加筆修正を行った。

序　章　書き下ろし。
第一章　書き下ろし。
第二章　二〇一三「政策の施行過程にみる廃棄物管理――中国・瀋陽市の農村における処分場建設をめぐる紛争の現場から」『日中社会学研究』二一：三三―四二。
第三章　二〇一一「中国におけるリサイクルシステムの構築と課題――瀋陽市の再生資源回収業の事例から」『環境社会学研究』一七：五三―六五。
第四章　二〇一五「ごみ山を生きる人々の生活実践――中国・瀋陽市における廃棄物管理の制度的ジレンマ」『日中社会学研究』二三：一二三―一三三。
第五章　二〇一五「廃棄物をめぐる管理と抵抗――中国における回収業に携わる移動民の生活知」『関西学院大学社会学部紀要』一二二：三三―四六。
終　章　二〇一〇「政策過程における公論形成について」『ＫＧ／ＧＰ社会学批評』四：三三―四四。

本書の完成にたどり着くまでには多くの方々にお世話になった。この場にてお礼を申し上げたい。
まず調査にご協力してくださった、地域住民や関係機関の方々、とくに私を寛大に受け入れてくださった廃品収集に携わる方々に重ねてお礼申し上げたい。そして、これまで所属してきた京都精華大学人文学部環境社会学科、京都精華大学大学院人文学研究科、関西学院大学大学院社会学研究科の先生をはじめ、先輩・友人の皆様にたいへんお世話になった。ここでは個々のお名前を挙げることができないことをお詫びしながら、学問の場と機会を与えてくださったすべての方々に、心から感謝申し上げたい。

学恩として、まず学部と大学院修士課程を合わせて五年間ご指導くださった恩地典雄先生（京都精華大学）に感謝を申し上げたい。恩地先生には、ゼミの発表や論文のご指導以外にも、学術大会に参加する機会を与えていただき、学問の道へと導いていただいた。そして、本書のもととなる博士論文の審査では、主査である古川彰先生（関西学院大学）、副査である三浦耕吉郎先生（関西学院大学）、陳立行先生（関西学院大学）、土屋雄一郎先生（京都教育大学）にたいへんお世話になった。研究の行き先を見失い、遅々として論文執筆が進まない私を、古川先生は常にあたたかく辛抱強く見守ってくださった。古川先生には、有益なご指導およびご助言をいただいたばかりでなく、研究の心構え、研究の難しさと面白さを教えていただいた。三浦先生、陳先生、土屋先生には、博士論文を査読していただくとともに、研究を進めていくにあたり終始懇切丁寧なご指導をいただいた。また、投稿論文の執筆、および博士論文の方法論や全体の構成に関して、松田素二先生（京都大学）、関根康正先生（関西学院大学）、高坂健次先生（関西学院大学名誉教授）、伊地知紀子先生（大阪市立大学）、森真一先生（追手門学院大学）、川端浩平先生（福島大学）から貴重な示唆をいただいた。なお、研究室の院生仲間である稲津秀樹さん、福田雄さん、濱田武士さんに本書のもととなる投稿論文と博士論文の原稿の通読と文章のチェックをしていただいた。ここに心よりお礼申し上げたい。

本書の出版は、独立行政法人日本学術振興会の平成二九年度科学研究費補助金（研究成果公開促進費・学術図書）の助成を受けて実現した。また、本書の出版にあたっては、昭和堂編集部の松井久見子さんに多岐にわたるご協力とご支援をいただいた。記してお礼申し上げたい。

最後に、筆者の博士号授与を心待ちにしながら、二〇一三年に永眠した父に本書を捧げるとともに、今日にいたるまでさまざまな面から支えてくれた家族に深く感謝する。

参考文献

青山周　二〇一一『政策空間としての中国環境――中国環境政策研究』明徳出版社。
Bauman, Zygmunt, 2003, *Wasted Lives: Modernity and its Outcasts*, Polity.（＝二〇〇七　中島道男訳『廃棄された生――モダニティとその追放者』昭和堂）
陳立行　一九九四『中国の都市空間と社会的ネットワーク』国際書院。
陳雲　二〇〇八「中国における政府主導型環境ガバナンスの特徴と問題点――『開発主義体制』の葛藤」森晶寿・植田和弘・山本裕美編『中国の環境政策――現状分析・定量評価・環境円借款』京都大学学術出版会、三三一―三三六。
陳雲・森田憲　二〇一二「中国の都市におけるごみ戦争の政治経済学――ゴミ焼却（発電）場に関する住民運動をめぐって」『広島大学経済論叢』三六（二）：一―二九。
張忠任・内藤二郎　二〇〇六「中国における地方行政改革と地方自治について――北京市石景山区魯谷の『大社区』改革を事例に」『北東アジア研究』一〇：九五―一〇四。
張坤民　二〇〇八「現代中国の環境保護政策」森晶寿・植田和弘・山本裕美編『中国の環境政策――現状分析・定量評価・環境円借款』京都大学学術出版会、一八三―二〇八。
田暁利　二〇〇五『現代中国の経済発展と社会変動――「《禁欲》的統制政策」から「《利益》誘導政策」への転

換　一九四九年〜二〇〇三年』明石書店。
江口伸吾　二〇〇六『中国農村における社会変動と統治構造――改革・開放期の市場経済化を契機として』国際書院。
Friedmann, John, 2005, *China's Urban Transition*, Minneapolis, University of Minnesota Press.（＝二〇〇八　谷村光浩訳『中国都市への変貌――悠久の歴史から読み解く持続可能な未来』鹿島出版社）
藤井美文・平川慈子　二〇〇八「日本の分別収集システム構築の経験と途上国への移転可能性」小島道一編『アジアにおけるリサイクル』アジア経済研究所、二五―八〇。
舩橋晴俊　一九九八「環境問題の未来と社会変動――社会の自己破壊性と自己組織性」舩橋晴俊・飯島伸子編『講座社会学一二　環境』東京大学出版会、一九六―二二五。
舩橋晴俊　二〇〇一ａ「『政府の失敗』と鉄道政策――研究主題と理論的視点」舩橋晴俊・角一典・湯浅陽一・水澤弘光編『「政府の失敗」の社会学――整備新幹線建設と旧国鉄長期債務問題』ハーベスト社、一―二一。
舩橋晴俊　二〇〇一ｂ「『政府の失敗』を生み出す意思決定過程の総合的分析――システム・主体・アリーナの無責任型連動」舩橋晴俊・角一典・湯浅陽一・水澤弘光編『「政府の失敗」の社会学――整備新幹線建設と旧国鉄長期債務問題』ハーベスト社、一六九―二〇〇。
古川彰　一九九九「環境の社会史研究の視点と方法――生活環境主義という方法」舩橋晴俊・古川彰編『環境社会学入門――環境問題研究の理論と技法』文化書房博文社、一二五―一五二。
厳善平　一九九五「地域コミュニティの変容――『社区』は解体するか」加藤弘之編『中国の農村発展と市場化』

名古屋大学出版会、一九九―二二八。
厳善平　二〇〇九『農村から都市へ――一億三〇〇〇万人の農民大移動（叢書中国的問題群七）』岩波書店。
長谷川公一　二〇〇〇「放射性ごみ問題と産業ごみ問題」『環境社会学研究』六：六六―八一。
一ノ瀬俊明　二〇〇七「ごみで包囲される中国内陸都市」『地理』五二（四）：四六―五一。
飯島渉　二〇〇九『感染症の中国史――公衆衛生と東アジア』中央公論新社。
磯村英一　一九六八『人間にとって都市とは何か』日本放送出版協会。
北野尚宏　二〇〇八「水環境政策の到達点と課題」森晶寿・植田和弘・山本裕美編『中国の環境政策――現状分析・定量評価・環境円借款』京都大学学術出版会、四一―六九。
季増民　二〇一〇『中国近郊農村の地域再編――江蘇省昆山市開発区隣接地域を事例に（椙山女学園大学研究叢書）』芦書房。
季増民　二〇一一「中国の都市周辺部に形成された『第三空間』」『東アジアへの視点』二二（四）：六―一七。
小口彦太・田中信行　二〇〇四『現代中国法』成文堂。
洪明順　二〇〇三「中国国内労働力移動に関する研究動向――一九九〇年代の出稼ぎ労働力移動を中心に」『大原社会問題研究所雑誌』五三〇：四四―五三。
小柳秀明　二〇一〇『環境問題のデパート中国』蒼蒼社。
Lynch, Kevin, 1990, *Wasting Away—An Exploration of Waste: What It Is, How It Happens, Why We Fear It, How To Do It Well*, Random House.（＝一九九四　有岡孝・駒川義隆訳『廃棄の文化誌――ゴミと資源のあ

いだ』工作舎）
松田素二　二〇〇四「変異する共同体――創発的連帯論を超えて」『文化人類学』六九（二）：二四七―二七〇。
松田素二　二〇〇九『日常人類学宣言――生活世界の深層へ／から』世界思想社。
三上直之　二〇〇五「市民参加論の見取り図――政策形成過程における円卓会議方式を中心に」『千葉大学公共研究』二（一）：一九二―二二五。
南亮進・牧野文雄編　二〇〇五『中国経済入門――世界の工場から世界の市場へ』日本評論社。
三浦耕吉郎　二〇〇九『環境と差別のクリティーク――屠場・「不法占拠」・部落差別（関西学院大学研究叢書　第一二六編）』新曜社。
御代川貴久夫・関啓子　二〇〇八『環境教育を学ぶ人のために』世界思想社。
森晶寿　二〇〇八「中国の環境政策――現状分析・定量評価・環境円借款」森晶寿・植田和弘・山本裕美編『中国の環境政策――現状分析・定量評価・環境円借款』京都大学学術出版会、一―一八。
孟健軍　二〇一一「中国の都市化はどこまで進んできたのか」『RIETI Discussion Paper Series』一一―J―〇六三、経済産業研究所。
王文亮　二〇〇四『九億人の福祉――現代中国の福祉と貧困』中国書店。
織朱實　二〇〇九「諸外国の容器包装をめぐる3R政策の動向」『月刊廃棄物』七：三八―四一。
Packard, Vance Oakley 1960, *The Waste Makers*, David McKay.（＝一九六一　南博・石川弘義訳『浪費をつくり出す人々』ダイヤモンド社）

李培林　二〇〇六「村落の周縁——都市内の村落に関する研究」若林敬子編『中国の人口問題のいま——中国人研究者の視点から』ミネルヴァ書房、一六一—一八六。
齋藤純一　二〇〇〇『公共性』岩波書店。
染野憲治　二〇〇五「中国の廃棄物を巡る現状」『環境管理』四一（一一）：一七—二四。
孫穎・森晶寿　二〇〇八「中国における循環経済政策の到達点と課題」森晶寿・植田和弘・山本裕美編『中国の環境政策——現状分析・定量評価・環境円借款』京都大学学術出版会、七一—九二。
田口正己　二〇〇〇「廃棄物行政の課題と廃棄物法制度の展開——高度経済成長期以降について」『環境社会学研究』六：八三—九〇。
田口正己　二〇〇二『現代ごみ紛争——実態と対処』新日本出版社。
田口正己　二〇〇七『ごみ社会学研究——私たちはごみ問題とどう向き合ってきたのか』自治体研究社。
竹歳一紀　二〇〇五『中国の環境政策——制度と実効性』晃洋書房。
田中信行　二〇一一「中国から消える農村——集団所有制解体への道のり」『社會科學研究』六二（五・六合併号）：六九—九五。
谷口洋志・朱珉・胡水文　二〇〇九『現代中国の格差問題』同友館。
唐亮　二〇一二『現代中国の政治——「開発独裁」とそのゆくえ』岩波書店。
土屋雄一郎　二〇〇八『環境紛争と合意の社会学——ＮＩＭＢＹが問いかけるもの』世界思想社。
植田和弘　二〇〇八「大気汚染政策の到達点と課題」森晶寿・植田和弘・山本裕美編『中国の環境政策——現状分析・

定量評価・環境円借款』京都大学学術出版会、二一一―四〇。
鵜飼照喜　二〇〇一「廃棄物処分場問題における自治体と住民運動」飯島伸子編『廃棄物問題の環境社会学的研究――事業所・行政・消費者の関与と対処』東京都立大学出版会、六一―九二。
山口真美　二〇〇三「中国都市インフォーマル・セクターにおける地方出身者の就業構造――北京市廃品回収業の事例を中心に」『アジア経済』四四（一二）：二八―五六。
横田勇　二〇〇八「中国における廃棄物処理・リサイクルの現状と課題」『産業と環境』三七（三）：二〇―二四。
吉田綾・小島道一　二〇〇四a「廃棄物・リサイクル――産業化と市場化、その拡大と展望」中国環境問題研究会『中国環境ハンドブック［二〇〇五～二〇〇六年版］』蒼蒼社、九九―一〇七。
吉田綾・小島道一　二〇〇四b「廃棄物・リサイクル」中国環境問題研究会編『中国環境ハンドブック　二〇〇五～二〇〇六年版』蒼蒼社、二六〇―二六三。
吉田綾　二〇〇八「中国におけるリサイクル――使用済み家電と自動車の事例」小島道一編『アジアにおけるリサイクル』アジア経済研究所、二二五―二五三。
湯浅陽一　二〇〇五『政策公共圏と負担の社会学――ごみ処理・債務・新幹線建設を素材として』新評論。

中国語文献

蔡娥　二〇一一〈新农村建设背景下的农村垃圾问题〉《农村经济与科技》农村经济与科技编辑部编、二二一：七八―八〇。

冯慧娟・张继承・鲁明中　二〇〇六〈废旧物资回收市场组织运作现状分析〉《再生资源研究》再生资源研究编辑部编、六：一—四。

梁从诚　二〇〇六《中国的环境危局与突围》社会科学文献出版社。

乐小芳　二〇〇四〈农业环境与发展我国农村生活方式对农村环境的影响分析〉《农业环境与发展》农业环境与发展编辑部编、四：四二—四五。

李强・唐壮　二〇〇二〈城市农民工与城市中的非正规就业〉《社会学研究》六：一三—二五。

孙会利・刘璐　二〇一三〈“垃圾围城”现象谈城市垃圾的处理〉《硅谷》硅谷杂志编辑部编、一〇：九一——一〇二。

唐灿・冯小双　二〇〇〇〈“河南村”流动农民的分化〉《社会学研究》四：七二—八八。

伍阳雪・喻立珊　二〇一一〈垃圾围城现象的成因与对策分析〉《才智》才智杂志编部编、一七：二六四。

姚洋　二〇〇四《转轨中国：审视社会公正和平等》中国人民大学出版社。

杨荣金・李铁松　二〇〇六〈中国农村生活垃圾管理模式探讨——三级分化有效治理农村生活垃圾〉《环境科学与管理》环境科学与管理编辑部编、三一：八二—八六。

杨雪锋　二〇〇八《循环经济运行机制研究》商务印书馆。

袁克・萧惠平・李晓东　二〇〇八〈中国城市生活垃圾焚烧处理现状及发展分析〉《能源工程》浙江省能源研究会编、五：四三—四六。

于健嵘　二〇〇九〈农村集体土地所有权虚置的制度分析〉《论中国土地制度改革——中国土地制度改革国际研讨会论文集》中国财政经济大学出版社、二二三—二三一。

靳薇　二〇〇一〈生活在城市的边缘——流动农民的生存状态〉《广西民族大学学报（哲学社会科学版）》广西民族学院大学学报杂志社编、二三（五）：一—八。
周大鸣・李翠玲　二〇〇七〈垃圾场上的空间政治——以广州兴丰垃圾场为例〉《广西民族大学学报（哲学社会科学版）》广西民族学院大学学报杂志社编、二九（五）：三一—三六。

付録

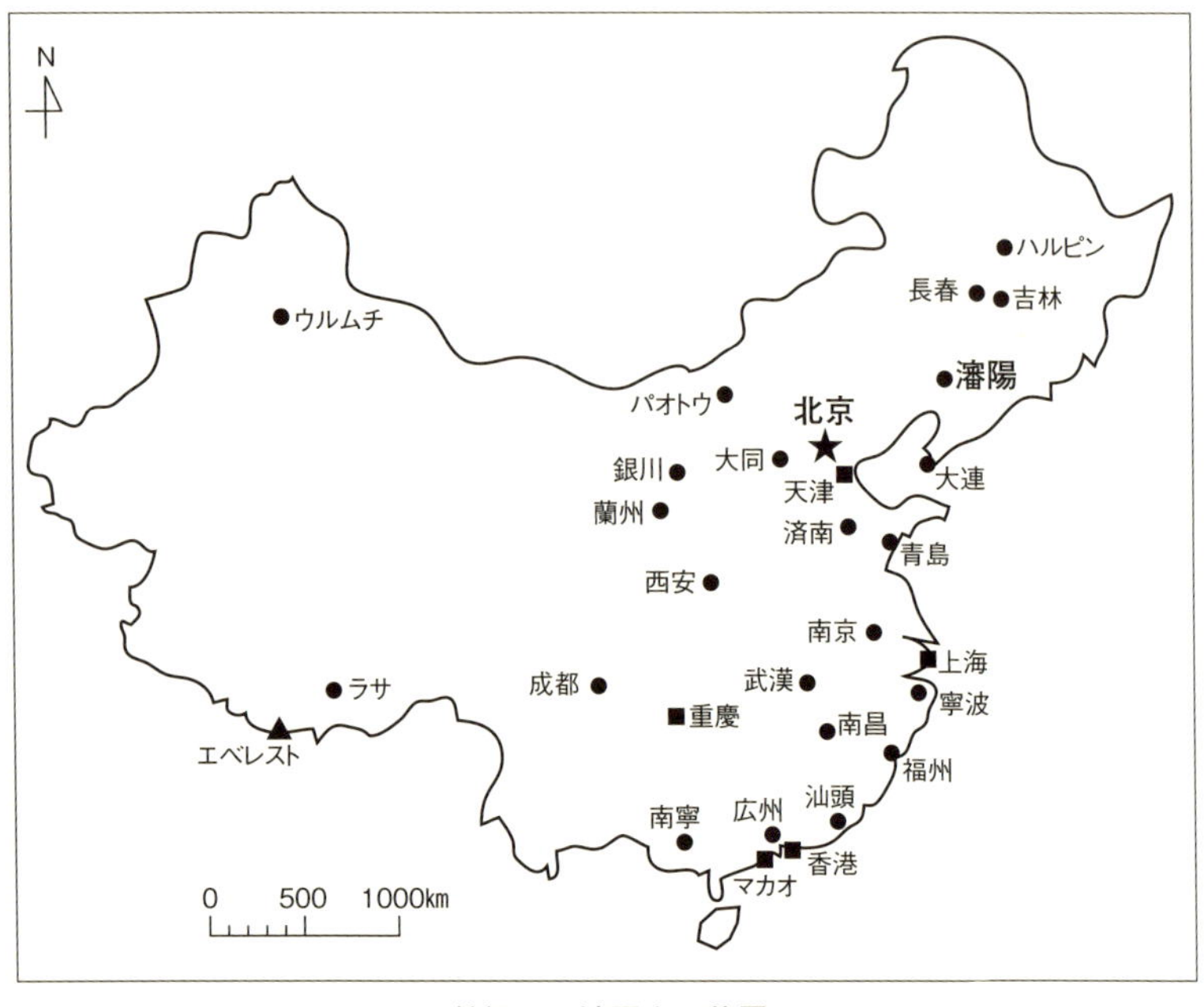

付録-1　瀋陽市の位置

出所：「旅行のとも、ZenTech」のウェブサイト（加筆修正）
（http://www2m.biglobe.ne.jp/~ZenTech/world/map/china/China_Outline_Map.htm）

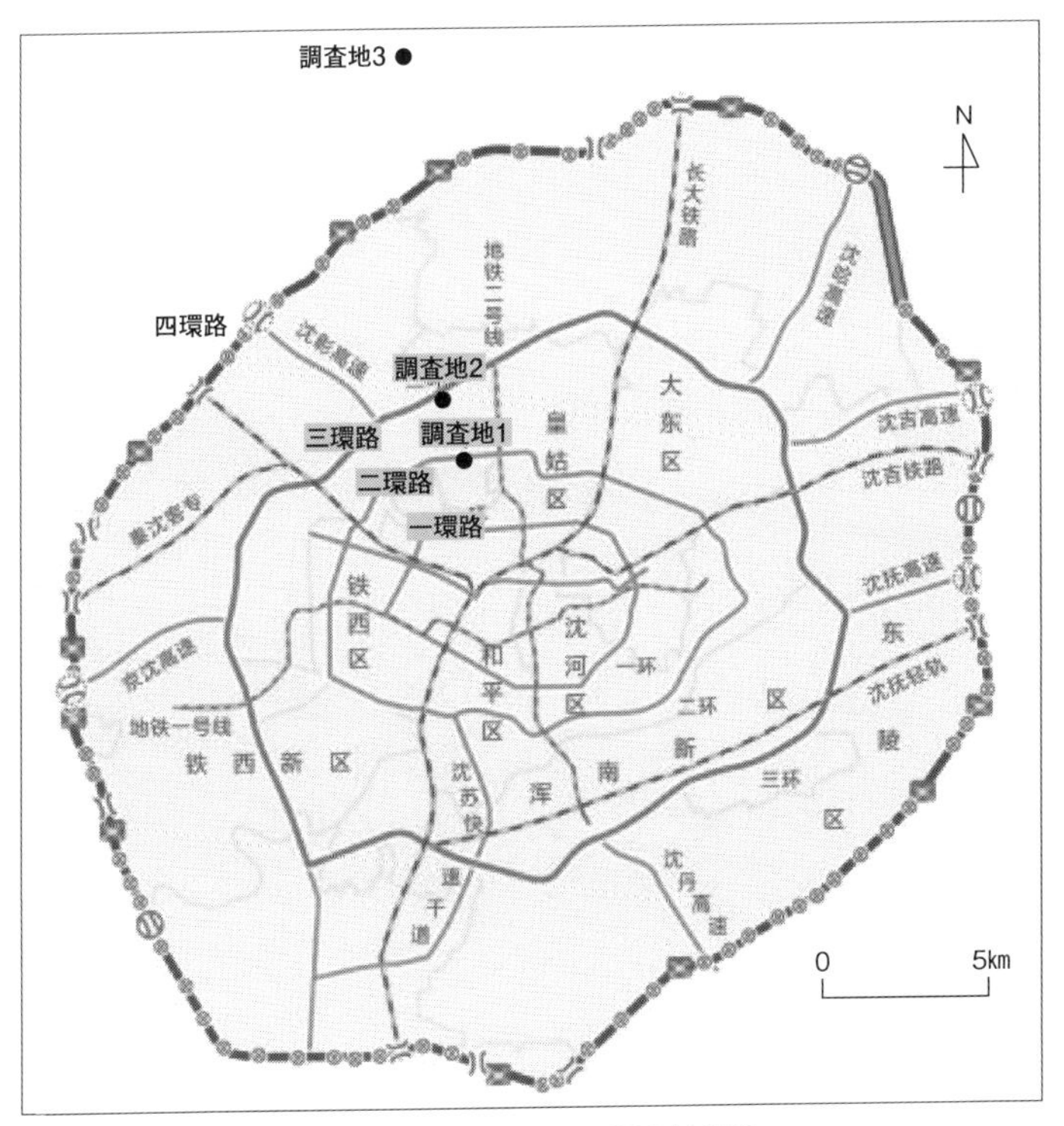

付録-2　瀋陽市概況と調査地位置

出所：「太平洋汽车网」のウェブサイト（加筆修正）
（http://sy.pcauto.com.cn/csh/1203/1864433.html）

付録-3　中国の行政組織の仕組み

一級行政区	省級	省、自治区、直轄市、特別行政区
二級行政区	市級	（地級）市、自治州、盟
三級行政区	県級	県、旗
四級行政区	郷級	郷、鎮、街道
五級行政区	村級	村、社区
六級行政区	組級	村民小組、社区居民小組

付録-4　近現代中国の環境政策、廃棄物政策の関連年表

		環境政策、廃棄物政策関連	主な出来事	
1908年	清国	予防時疫清潔規則		公衆衛生思想
1911年	中華民国		辛亥革命	
1916年		伝染病予防条例		
1919年			五四運動	
1931年			満州事変(9.18事変)	
1937年			盧溝橋事件(七七事変)	
1945年			日中戦争終結	
1949年	中華人民共和国		中華人民共和国成立	
1950年			土地改革運動、朝鮮戦争勃発	
1953年			朝鮮戦争停戦	
1954年			憲法制定	
1956年			社会主義制度確立	
1958年			戸籍登記条例施行、 大躍進運動、人民公社化運動	
1959-61年			「三年困難時期」開始	
1966年			文化大革命開始	
1972年		工業「三廃」汚染状況と建議		
1973年		第1回全国環境保護会議		
1974年		国務院環境保護指導グループ		

（付録-4　つづき）

1976年			文化大革命終息	
1978年			改革開放政策導入	
1979年		環境保護法（試行）	農村生産請負制実施、中越戦争	
1982年		海洋環境保護法		
1984年		環境保護局設立、水汚染防止法		
1987年		大気汚染防止法	土地管理法施行	
1989年			天安門事件	
1992年		都市景観・環境衛生管理条例	鄧小平「南巡講話」	
1993年		都市ごみ管理弁法		
1996年		固形廃棄物環境汚染防止法		
1997年		エネルギー節約法	香港返還	
1999年			マカオ返還	環境主義
2000年		汚染防止技術政策		
2001年	中華人民共和国		世界貿易機関（WTO）への加入	
2002年		クリーン生産促進法		
2003年		環境アセスメント法	SARS流行	
2005年		固形廃棄物環境汚染防止法改正		
2006年		再生可能エネルギー法	第11次5カ年計画開始、社会主義新農村建設	
2007年		再生資源回収管理弁法、都市生活ごみ処理管理弁法、農村環境保護強化に関する意見	物権法施行	
2008年		環境保護部設立	北京オリンピック	
2009年		循環型経済促進法		
2010年		農村生活汚染防止整備技術政策	第12次5カ年計画、上海国際博覧会	
2011年		廃棄電器電子製品回収処理管理条例		市場経済主義
2014年		国務院弁公庁農村生活環境の改善に関する指導と意見	戸籍制度改革の推進に関する意見、APEC首脳会議	
2015年		環境保護法改正	G20サミット	
2016年		大気汚染防治法改正、生活ごみ分別制度実施方法（素案）	第13次5カ年計画、パリ協定批准	

■著者紹介

金　太宇（きん　たいう）

1975年中国遼寧省生まれ。2002年に留学生として来日。2008年京都精華大学人文学部卒業、2010年同大学の大学院人文学研究科人文学専攻修士課程修了、2013年関西学院大学社会学研究科社会学専攻博士課程単位取得満期退学。社会学博士。現在、関西学院大学災害復興制度研究所リサーチアシスタント、関西学院大学、大阪経済大学、大阪産業大学、龍谷大学ほか非常勤講師。

専門：環境社会学、中国問題。

中国ごみ問題の環境社会学
——〈政策の論理〉と〈生活の論理〉の拮抗

2017年12月8日　初版第1刷発行

著　者　金　太宇
発行者　杉田啓三
〒607-8494　京都市山科区日ノ岡堤谷町3-1
発行所　株式会社　昭和堂
振込口座　01060-5-9347
TEL(075)502-7500/FAX(075)502-7501
ホームページ http://www.showado-kyoto.jp

印刷　モリモト印刷

ISBN 978-4-8122-1639-2
＊落丁本・乱丁本はお取り替えいたします。
Printed in Japan

索　　引

さ行

た行

な行

は行

ま行

や行

ら行

略語